常用航天低温推进剂成分的化验分析

刘春英　编著

中国宇航出版社
·北京·

图书在版编目（CIP）数据

常用航天低温推进剂成分的化验分析 / 刘春英编著. 北京 : 中国宇航出版社, 2024. 6. -- ISBN 978-7-5159-2343-7

Ⅰ. V511

中国国家版本馆 CIP 数据核字第 2024G0S914 号

责任编辑　王杰琼　　　**封面设计**　王晓武

出版发行　中国宇航出版社

社　址　北京市阜成路 8 号　**邮　编**　100830

(010)68768548

网　址　www.caphbook.com

经　销　新华书店

发行部　(010)68767386　(010)68371900

(010)68767382　(010)88100613 (传真)

零售店　读者服务部　(010)68371105

承　印　北京厚诚则铭印刷科技有限公司

版　次　2024 年 6 月第 1 版

2024 年 6 月第 1 次印刷

规　格　787 × 1092

开　本　1/16

印　张　8.75

字　数　138 千字

书　号　ISBN 978 - 7 - 5159 - 2343 - 7

定　价　68.00 元

前言

从20世纪50年代起，低温推进剂以其效率高、能量高、比推力大等优点逐渐成为运载火箭的主要推进剂。为保证液体火箭发动机及动力装置的性能和安全性，航天领域相关部门对低温推进剂成分组成制定了严格的标准规范，要求在低温推进剂生产、出厂、运输、贮存、使用等环节按标准规范对推进剂质量进行检验分析。

常用的低温推进剂（如液氧、液氢、液态甲烷/液化天然气等）在航天、石油化工、能源等行业中广泛应用，国家和行业部门制定了一系列国家标准、行业标准，用于这些低温介质的生产、出厂、运输、贮存、使用等环节的质量检验分析。

随着气体分析技术的快速发展，新型气体分析设备不断涌现，低温推进剂及其气化后气体检验分析方法也在不断增加，相应的各种国家标准、国家军用标准、行业标准也在不断更新。目前，介绍低温推进剂检验分析方面的专著很少，为使广大低温推进剂和低温介质分析检验人员能了解最新的分析方法，作者在多年低温推进剂生产、使用、化验分析经验的基础上，结合最新颁布的国内外标准规范，编著了此书。

本书共7章，第1章绪论，介绍了液体推进剂的分类、性质、特点及其分析检测方法的发展趋势，第2章介绍了常用航天低温推进剂的取样方法，第3～7章分别介绍了常用的低温推进剂（液氧、液氢、液态甲烷/液化天然气等）的物理化学性质、相关标准规范及其检验分析方法。

本书作者一直在低温推进剂领域从事质量化验分析工作，在近30年的材料化验分析经验基础上，结合了实践中应用的最新标准规范，编写了本书。在本书编写过程中，北京航天试验技术研究所低温技术事业部化验分析组沈悦豪、胡立荣、李丽、郭亚慧、徐红、王琬婷、冯雅文对具体内容提供了宝贵翔实的参考资料，低温技术事业部总经理瞿骞、副总经理齐向阳、朱晓彤、李绍斌、曹建对全书内容进行了审核并提出了指导性意见。

本书注重科研实践，可供低温推进剂行业的从业人员，特别是低温推进剂及低温介质质量检测领域的从业人员借鉴参考，亦可供涉及低温推进剂和低温介质领域的工程技术人员、教师、学生参考。

由于作者水平有限，书中难免有疏漏和不足之处，敬请读者批评指正。

目　录

第1章 绪 论

液体推进剂是一种液态物质或几种液态物质的组合，它们能进行放热的物理/化学反应，形成高温的反应产物，为火箭发动机提供能量和工质。推进剂的选择是发动机设计中最重要的步骤之一，它对整个发动机系统的性能以及发动机各组件的设计准则有很大的影响，而推进剂的选择又受到价格、供应、处理和贮存等因素的影响。

1.1 液体推进剂的分类

按照推进剂所包含的基本组元数目，可分为单组元、双组元和三组元推进剂；按照氧化剂和燃料直接接触时的化学反应能力，可将推进剂划分为非自燃推进剂和自燃推进剂；按照液体推进剂本身的用途，可分为主推进剂、启动推进剂和辅助推进剂；按照推进剂组元保持液态的温度范围，可分为低沸点推进剂（低温推进剂）和高沸点推进剂（可贮存推进剂）。

单组元液体推进剂可以是具有氧化性和还原性物质的混合物，也可以是单一的化合物，这种单一的化合物在其分解时可以伴随着热量释放及气化。火箭发动机单组元液体推进剂在自然条件和控制环境下必须是稳定的，且当加压、加热或经过催化剂催化时，能够产生热的燃烧气体或分解气体。单组元液体推进剂发动机系统具有结构简单的特性；但大多数实用的单组元液体推进剂（如过氧化氢）的性能都较低，因此主要用于火箭发动机系统中的副能源，如涡轮泵的气体发生器和辅助动力传动，以及航天器的姿态和轨道控制。也有一些单组元液体推进剂（如硝基甲烷）性能较好，但稳定性较差，故在火箭上很少应用。

双组元液体推进剂发动机系统采用两种不同的推进剂组元，通常一种为氧化剂，一种为燃料，由单独的贮箱分别贮存。氧化剂和燃料一直到它们进入燃烧室之前，始终是不混合的。现代液体推进剂火箭发动机几乎无一例外地采用双组元推进剂，这是因为它们的性能较好，同时双组元推进剂比较安全和便于调节。三组元推进剂是指在液态燃料中加入少量高燃烧热的金属粉末，如铝、镁、铍、锂等，这样，与氧化剂一起形成三个组元；也有采用液氧/煤油/液氢的三组元方案。理论上讲，三组元推进剂能达到化学推进剂中的最高比冲。

非自燃推进剂需要设置点火装置。而对于自燃推进剂的组元，当它们在使用温度和使用压强范围内以液态相接触时，就能进行放热的化学反应。自燃推进剂使点火问题大大简化了，但也带来了危险性。例如，由于贮箱和其他组件泄漏引起燃料和氧化剂的意外混合，会造成爆炸。

某些液体推进剂是液化气体，它在大气压强下具有非常低的沸点。比较常用的低温推进剂有液氧和液氢。在大量使用的推进剂中，液氧/液氢推进剂的效能是最高的。但液氢的低密度和极易蒸发的特性是其最大的缺点，因此应特别重视低温推进剂的贮存和使用问题。为了减少由蒸发引起的损失，必须采取良好的绝热措施。与低沸点推进剂相反，高沸点推进剂在地面的一般使用条件下是液态的，而且在保存时无蒸发损失。某些液体推进剂在一个相当宽的温度和压强范围内是稳定的，并且与结构材料发生化学反应的概率很小，因此足以允许推进剂在封闭容器内贮存一年或更长的时间，这些推进剂也通常称为可贮存推进剂，又称常规推进剂。可贮存推进剂一般包括一系列的推进剂组合，主要是以四氧化二氮为氧化剂，以肼、甲基肼（MMH）、偏二甲肼（UDMH）或它们的混合物为燃料。许多运载火箭（如大力神、德尔它、长征和阿里安的助推级和上面级）发动机均采用了可贮存推进剂，可贮存推进剂还用于大多数不载人的飞船和卫星。可贮存液体推进剂几乎不用发射准备时间，无需采取特殊的隔热措施，在加注状态下可以长期保存，因此，可贮存推进剂在军用飞行器上有着广泛的应用。

在液体火箭发动机上可采用的液体氧化剂有硝酸、四氧化二氮、过氧化氢、三氟化氯、液氧和液氟，前四种是可贮存的氧化剂，后两种是低温氧化剂。可采用的燃料有乙醇、煤油、肼、偏二甲肼、甲烷和液氢，前四种是可贮存的燃料，后两种是低温燃料。在液体推进剂中混以某些添加剂可以对推进剂的某些不足加以改善，如改善冷却特性、降低冰点、减轻腐蚀作用、促进点火过程和稳定燃烧等。

1.2 典型液体推进剂的能量特性

液体推进剂的选择首先看重的是液体推进剂的能量特性，典型单组元推进剂的能量特性如表 1-1 所示，典型双组元推进剂的能量特性如表 1-2 所示。由表 1-1 和表 1-2 中能量特性数据可以看出，高能量特性的低温液体推进剂是液体火箭发动机推进剂的优先选择。

表 1-1 典型单组元推进剂的能量特性

单组元推进剂	密度/(kg/m^3)	分解产物温度/K	理论比冲/(m/s)
100%过氧化氢,H_2O_2	1 453	1 253	1 460
95%过氧化氢	1 430	1 187	1 377
90%过氧化氢	1 392	1 021	1 286
肼,N_2H_4	1 010	870～1 300	1 280～1 350
偏二甲肼,$(CH_3)_2N_2H_2$	785	1 000～1 150	1 250～1 300
一氧化氮,NO	745	1 910	1 710

注：T=15～20 ℃；p_c/p_e=21。

表 1－2　典型双组元推进剂的能量特性

氧化剂	燃 料	混合比	燃烧室温度/K	理论真空比冲/(m/s)
液氧	液氢	6	3 543	4 541
液氧	92%酒精	1.73	3 548	3 500
液氧	煤油	3.07	3 759	3 599
液氧	甲烷	3.5	3 611	3 714
液氧	偏二甲肼	1.92	3 671	3 720
硝酸	煤油	4.83	3 198	3 117
硝酸	偏二甲肼	3.36	3 165	3 224
四氧化二氮	煤油	4.41	3 541	3 308
四氧化二氮	偏二甲肼	2.64	3 447	3 403
四氧化二氮	肼	1.29	3 229	3 425
90%过氧化氢	煤油	7.24	2 812	3 128
90%过氧化氢	肼	2.12	2 751	3 220
液氟	液氢	13.2	4 859	4 809

1.3　液体推进剂的发展历史

液体推进剂目前仍是各国使用最多的推进剂，液体推进剂的发展历程大致可分为以下四个阶段。

（1）液体推进剂的初步研究和应用时期（1926—1957 年）

1926 年 3 月 16 日，美国发射了世界上第一枚以液氧和汽油为推进剂的液体火箭，拉开了世界液体推进剂研究发展的序幕。该阶段研究和应用的主要液体推进剂为液氧和硝酸（白烟和红烟硝酸）等氧化剂，甲醇、水合肼、液氨、苯胺-糖醇、煤油、酒精、混胺（混胺-02，MAF-1、3、4）、油肼（JP-X）等燃料以及过氧化氢、硝酸正丙酯和硝酸异丙酯等单组元推进剂，其中液氧与煤油或酒精组合比冲较高，是苏联和美国发射第一颗人造地球卫星所用的推进剂。液体推进剂发展的第一个时期的主要成果有中能低温推进剂（即液氧与煤油或酒精）和单组元推进剂过氧化氢（包括高锰酸钾催化剂）。

（2）液体推进剂的大发展时期（1957—1969年）

1957—1965年，苏联先后研制了以红烟硝酸与偏二甲肼、四氧化二氮与偏二甲肼或混肼为推进剂的火箭发动机，以作为洲际导弹的动力装置。美国对可贮存推进剂（如硝基和氟基氧化剂，肼类燃料，胶体燃料）、高能低温推进剂（如液氟、液氢）、单组元推进剂（如肼、有机二氟氨基化合物、Otto-Ⅱ）、三元推进剂（如液氧-铍粉-液氢）以及固液推进剂（如高氯酸硝酰与肼）开展了全面研究。1967年7月16日，美国成功地发射了载人登月宇宙飞船。这一时期，研究和应用的主要液体推进剂是液氟、二氟化氧、液氧、四氟化肼、过氯酰氟、五氟化氯、三氟化氯、四氧化二氮、红烟硝酸、过氧化氢等氧化剂；液氢、二硼氢、五硼氢、肼、甲基肼、偏二甲肼、煤油、酒精、铝-肼胶体等燃料。这一时期的主要成果有高能低温推进剂液氧与液氢、中能可贮存推进剂硝基氧化剂与肼类燃料、单组元推进剂Otto-Ⅱ和肼。

（3）改进现有液体推进剂性能和继续研究高能推进剂时期（1969—1980年）

这一时期研究的重点是：

1）改进已有的液体推进剂，并使其更有效地发挥作用（即性能改进，包括降低冰点和冲击敏感，提高沸点、密度、能量、贮存性能和热稳定性，改进缓蚀剂、冷却和燃烧性能等）。

2）继续研究高能液体推进剂。从氧化剂和燃料两方面对液体推进剂进行研究。

（4）研发环境友好的绿色高能推进剂时期（1980年至今）

目前使用和正在研制的无毒、无污染液体推进剂类型如下。

1）过氧化氢类推进剂，包括过氧化氢单组元推进剂、过氧化氢/醇类、过氧化氢/煤油、过氧化氢/叠氮胺类等。火箭发动机中使用的过氧化氢，浓度为70%～90%，无毒性，性能较稳定。1958 年 9 月北京航空学院发射的探空火箭中的液体火箭发动机就采用了这种推进剂。美国已成功地进行了过氧化氢/叠氮胺推进剂火箭发动机实验，并准备将叠氮胺推进剂应用于空空导弹、洁净助推器等。

2）液氧/烃类无毒推进剂，烃类推进剂具有来源广泛、成本低廉、组合密度高、比冲高、无毒环保和耐贮存等优点，包括液氧/煤油、液氧/甲烷、液氧/丙烷、液氧/液态甲烷、液氢等。迄今为止，苏联和美国已成功研制了多种具有历史意义的液氧煤油发动机，典型的有土星-5 运载火箭的 F－1 燃气发生器循环发动机、N－1 运载火箭的 NK－33 补燃循环发动机、能源号火箭的 RD－170 高压补燃循环发动机，其中 RD－170 发动机在一定程度上成为液氧煤油火箭发动机技术水平的标杆。长征五号运载火箭作为中国运载火箭更新换代、追赶国际先进水平的关键一步，基于 120 t 级推力的 YF－100 液氧煤油发动机和 50 t 级推力的 YF－77 液氢液氧发动机研制，在主要性能指标上已经达到国际主流大型运载火箭的水平。

3）硝酸羟胺（HAN）类推进剂，此类推进剂为硝酸羟胺、燃料（如醇类、硝酸三乙醇胺等）和水的混合物。除无毒外，其特点具有冰点低、密度比冲高、常压下不敏感、贮存安全、无着火爆炸危险，可减少运输和贮存的安全性管理要求。在美国国家航空航天局（NASA）的综合高性能火箭推进技术（IHPRPT）项目支持下，美国研究的硝酸羟胺/甘氨酸/水体系（水含量26.0%），已被选用在 Spartan Lite 卫星轨道上升系统上。

4）二硝酰胺铵（ADN）类推进剂，ADN 不含卤素，能量密度高，高温稳定性好，且毒性小。作为液体推进剂，燃烧不产生烟，能大幅提高推进剂的能量，降低特征信号和减少环境污染，特别适用于低污染的航天飞机助推系统和空间运输动力系统。瑞典研究的一种代号为 LMP－101 的 ADN 单组元推进剂由 61%二硝酰胺铵、26%水和 13%丙三醇组成，火箭发动机试验表明这种推进剂点火快、能量高、无毒、燃烧完全且排气清洁、不污染环境。2010 年 2

月，欧洲空间研究和技术中心（ESTEC）在技术创新日上公布了用于航天领域的 1 - NADN 推进剂项目的最新细节，新燃料的正式名称为 MP - 103S，是 ADN 与水、甲醇、氨的混合物。

5）硝仿肼（HNF）类推进剂，据 NASA 网站 2012 年报道，NASA 启动了由马歇尔航天飞行中心负责的“技术论证任务计划”，希望用绿色推进剂替代剧毒的无水肼推进剂。在过去的几年中，空间飞行器用“绿色推进剂”有 HAN 基、ADN 基和 HNF 基单组元推进剂。相比 HAN 和 ADN 单组元推进剂，HNF 作为纯氧化剂比冲最大，且制备方法比 ADN 简单，不吸湿，有较高的密度和熔点。

6）氧化亚氮（N_2O）双组元液体推进剂，N_2O 作为一种绿色推进剂，可用于单组元推进、固液推进和电阻加热推进等推进系统模式。采用 N_2O 作为推进剂的发动机推力可以从毫牛顿级到牛顿级以至千牛顿级，主要应用于小卫星、飞船等。美国研制了 N_2O/丙烷火箭发动机（NOP），利用一氧化二氮催化分解作为丙烷的点火系统，并建议用 N_2O/丙烷推进剂组合替代目前空间推进系统使用的自燃推进剂、低温推进剂或固体推进剂。

1.4　低温液体推进剂的特点

低温推进剂是在标准大气压力下，沸点低于 200 K 的液体燃料和氧化剂的总称，亦称深冷推进剂。燃料有液氢、深冷液体丙烷，氧化剂有液氧、液氟、二氟化氧等，其中以液氢、液氧配合使用最为广泛，液氢与液氟也可组成双组元高能推进剂。低温推进剂具有能量高、比推力大等特点。

低温推进剂常温下为气体，必须在深冷或高压条件下才能液化，并贮存在由特殊材料制成的密闭优良且具有可靠的保温绝热措施的专用容器中。低温推进剂不宜长期贮存，在环境条件下常处于沸腾状态，气化造成推进剂损耗，因此一般在火箭发射前临时加注。在低温推进剂生产、贮存、运输和使用过程中对安全有特别严格的要求。低温推进剂易泄漏，且泄漏的氧化剂与可燃物，或泄漏的液氢、丙烷与空气均能形成爆炸性混合物，为此需有严格的安全保证制度。

低温推进剂是可用化学火箭燃料中比冲最高的，这就是它被广泛用于航天领域的原因。在这种情况下，使用的低温成分（氧、氢、甲烷）是无毒的，在发生泄漏时，其对环境的危害明显小于以硝酸和重氮四氧化物为基础的高沸点氧化剂，以及以联氨衍生物为基础的火箭燃料。

同时，低温推进剂很难操作，由于蒸发损失率高，在没有特殊措施的情况下，无法运输和贮存。使用低温推进剂的火箭不能长时间处于加注状态，如果发射延迟，则需要不断给贮箱补加低温推进剂或取消发射。在由于质量限制而无法安排所需隔热等级的航天器上，低温部件的使用也受到限制。此外，低温推进剂必须保持在低温下，因此需要对燃料箱和发动机的材料和设计进行特殊选择。

在固定和大型运输容器中，氧的日损失率约为 0.3%，氢的日损失率约为 0.5%。在选择固定隔热最佳隔热厚度时，损失率可降低约 0.1%。

低温液体供给系统的一个重要特点是必须采取措施来补偿流动过程中管道的温度变形。铝合金线性膨胀系数 $\alpha = 1.8\times10^{-5}\ K^{-1}$，存储液氧时变形为 3.7×10^{-3} m/m，存储液氢时变形为 4.9×10^{-3} m/m，需要相应的补偿。还应注意的是，必须清除系统中可能在低温条件下结冰、封闭或破坏过滤器、阀门和控制单元完整性的凝结气体和爆炸性气体，避免与主要低温成分形成爆炸性混合物。通过真空和中性气体吹扫，可以从加注系统中去除冷凝和爆炸性杂质。

考虑到与有机油接触时氧气的爆炸性增加，在管路与贮箱充填加注前必须仔细脱脂内部表面。脱脂最常见的方法是使用四氯化碳（CCl_4）等有机溶剂或表面活性物质和电解质的特殊水溶液。脱脂后，通过吹风去除溶剂蒸气。

除了低温系统的一般要求外，氢蒸气和空气氧气混合物的爆炸和火灾风险也必须考虑在内。为此，需经常对排放的氢蒸气进行燃烧排放。

为了减少液氢在飞行准备中的损失，并提高其效率，有人建议使用氢晶体和液体的混合物。氢晶体的应用不仅减少了储存过程中液体成分的损失，而且显著提高了燃料密度（8%～10%）。最简单的方法是定期对液氢罐的蒸气空间

(气枕)抽真空。固相浓度为40%~50%的氢浆(液态氢和固态氢的混合物)通过离心泵很好地输送到管道中。

1.5 低温推进剂的应用

在20世纪二三十年代研制的液体燃料试验火箭中，美国的戈达德太空研究所、德国的航天社和苏联的一个喷气推进研究小组将液氧与轻碳氢化合物和其他燃料结合用作推进剂。同时，克罗科在意大利、格鲁时科在圣彼得堡气体动力实验室用高沸点燃料进行了实验，这些燃料使用氮氧化物和硝酸作为氧化剂。

世界上第一枚远程弹道导弹A-4("V-2")由沃纳·冯·布劳恩设计，二战结束前在德国服役，它的氧化剂是液氧，燃料是75%的乙醇，尽管碳氢化合物燃料的效率略有下降，但可以降低燃烧室温度，简化发动机设计，延长发动机工作时间。液氧乙醇燃料也用于战后苏联和美国制造的火箭，如"R-1""R-2""R-5""维京""红石""X-1"等。苏联和美国的第一批洲际导弹(R-7、R-9、Atlas、Titan-1)和美国的中程导弹(Tor、Jupiter)也使用液氧作为氧化剂，与煤油组合。低温部件处理的复杂性和发射前的长时间准备导致在导弹上开始使用高沸点燃料，后来又使用固体燃料。

由于其效率高，低温燃料被广泛用于火箭发动机，进一步地增加有效载荷的质量、减少运载火箭的质量或尺寸。尽管存在许多技术困难，液氧-液氢推进剂在重型火箭上有很大的优势，先后被用于土星家族火箭的上面级、航天飞机系统、阿里安5、德尔它4、H-2A、长征家族火箭、半人马座等。

1.6 液体推进剂分析检测方法的发展趋势

目前，液体推进剂质量分析主要采用传统化学分析和简单的仪器分析，存在耗时、耗力、分析精度不高，且不能满足在线测试和现场测试等缺点，所以提高分析技术、改进分析方法、优化分析仪器，实现推进剂分析检测过程的多功能、自动化、智能化成为液体推进剂质量分析的发展方向。

（1）分析方法已从传统分析向仪器分析转变

液体推进剂大多数指标都是采用传统的化学分析方法和简单的仪器分析，而最常用的就是滴定分析法，如红烟硝酸中四氧化二氮和磷酸、混胺中二甲苯胺和三乙胺含量的测定，液体推进剂偏二甲肼、无水肼、单推 3 的分析。滴定分析法存在着指示剂变色不明显和滴定体积的目测导致误差很大，实验条件要求高且无法实现快速分析等缺点。电化学分析中的电位滴定法对终点的判断比用指示剂指示终点的方法更客观，自动电位滴定仪能自动进样、自动滴定、自动判断滴定终点等，不仅自动化程度高，而且快速准确，只要选择合适的电极，几乎所有的酸碱滴定法、氧化还原滴定法、沉淀滴定法和络合滴定法都可用电位滴定法代替。

（2）仪器分析法正大量用于液体推进剂的质量分析

随着科学技术的发展，新的仪器分析方法不断涌现，如色谱分析法、电化学分析法、光谱分析法、核磁共振波谱法、质谱分析等已部分进入液体推进剂质量的分析检测领域。

根据液体推进剂试样的特点，仪器分析法操作简单而快速，对于测定低含量组分有其独特之处。例如，卡尔·费休水分测定仪可实现烃类燃料和混胺燃料微量水分的快速检测；近红外光谱技术由于其具有高效快速、无破坏性、无污染、准确及便于实现在线检测等优势成为近几年迅速崛起的分析测试技术之一；色谱法自 20 世纪 50 年代出现以来，应用领域日益广泛。其中气相色谱被大量应用于液体推进剂指标的分析测试，如燃料混胺、偏二甲肼燃料中的偏二甲肼和偏腙、水分的测定。

（3）液体推进剂质量分析的发展方向

传统的实验室仪器分析不能满足现场测试的要求。液体推进剂在贮存、转注、加注等各项操作中一旦发生泄漏，极易造成严重的环境污染和人员伤害。因此，在作业环境中，对液体推进剂的现场连续监测对于保障作业人员健康、控制环境污染、保证液体推进剂生产及使用具有重要意义。现场和在线分析应满足以下几点：样品的预处理要求低甚至无需样品的预处理；仪器有高的精密度、选择性和分辨力，能在恶劣的环境和现场保持良好的稳定性；仪器系统具有远程联网功能，实现远距离监控。光纤在光谱技术领域的应用，使近红外光谱分析走向在线检测，通过光纤的长距离传输，可实现生产过程的快速在线检测，极大减少光学仪器的零部件，便于分析仪器小型化，实现在困难环境中采样分析。以计算机为主要标志的信息时代的来临，给仪器分析带来巨大变革，计算机已经作为分析仪器的一个组成部分直接装在仪器内部，赋予仪器智能化；另外绝大多数仪器是将被测组分的浓度和物理性能的变化转变成为电性能（电阻、电导、电位、电流）变化，促使检测实现自动化。实现液体推进剂质量分析过程的多功能、自动化、智能化将是以后分析技术的主流。

参 考 文 献

［1］ 赵晓刚，李艳玲，高岩立，等．液体推进剂的现状与发展趋势［C］．中国化学会第八届全国化学推进剂学术会议，2017.

［2］ https：//studfile. net/preview/8715908：3. 2. Криогенные ракетные топлива. Способы перевозки.

［3］ В. Н. Зрелов，Е. П. Серегин. Жидкие ракетные топлива［М］. Москва：Издательство《Химия》，1975.

［4］ 刘新，王爱萍，龚维，等．液体推进剂分析检测方法的研究进展［C］．2015 全国化学分析计量技术研讨会，2015.

第 2 章　常用航天低温推进剂的取样（采样）

2.1　取样（采样）的概念

取样（采样）是根据某些规律或按照一定的规则，选取一定数量具有研究总体代表性的样品。分析工作中的取样（采样）则是在大批物料中选取一小部分（即所谓试样）并做进一步分析，由此确定大批物料中某一组分的含量。

取样（采样）过程一般包括试样采集、试样处理、试样运输和试样贮存等步骤。要确保采集的试样在空间、时间及环境条件上的合理性和代表性，最根本的是保证试样的真实性，既要满足时空要求，又要保证试样在分析之前不发生物理化学性质的变化。要满足试样代表性的要求，必须执行严格的质量保证计划及采样质量保证措施。

与高沸点推进剂及介质相比，由于在运输、存储过程中存在气化蒸发、流体分层等现象，低温推进剂的取样（采样）方法和过程有着特殊的要求。常用的低温推进剂的取样（采样）方法可分为间接取样（采样）方法和直接取样（采样）方法，其中罐车运输的低温推进剂的取样（采样）多采用间接取样（采样）方法，而管道运输的低温推进剂取样（采样）多采用直接取样（采样）方法。

2.2 低温推进剂的间接取样（采样）方法

低温推进剂的间接取样（采样）方法又称为离线取样方法。间接取样（采样）方法的基本特征是取样介质与分析单元没有直接连接，需要借助液体子样装置或气体样品储气罐运送至气相色谱仪所在地进行化验分析。虽然不同种类的低温推进剂取样设备构成不完全相同，但是工艺流程大同小异，基本流程均是从大容积低温推进剂存储设备中取出少量有代表性的低温推进剂液体子样，再将全部或部分液体子样气化为气态子样，气态子样存储在气体样品储气罐中，运送至气相色谱仪所在地并接入气相色谱仪进行成分的化验分析。

典型的间接取样（采样）流程为美国 ASTM F310 规定的低温航天液体采样的标准实践，涉及杜瓦瓶和低温取样器相关的工艺流程。

（1）杜瓦瓶流程

杜瓦瓶结构示意如图 2－1 所示。其取样（采样）流程如下。

1）清洗所有设备，满足系统清洁标准；

2）清洗采样点接口设备；

3）打开采样阀门开始预冷，预冷的液体流出至收集桶；

4）移走杜瓦瓶的罩子；

5）向杜瓦瓶充入约 50％的低温液体，将收集桶内低温液体倒掉；

6）重复 4）内容直至杜瓦瓶足够冷却；

7）将杜瓦瓶内低温液体充填至约 3/4；

8）关闭取样阀；

9）装上杜瓦瓶顶部防止超压的可放气罩子；

10）将可放气泄压的聚氯三氟乙烯或氟塑料包覆放置在杜瓦瓶顶部；

11）贴采样标签：

a）标签标明样本并保持有样就有签；

b）标签应包含采样地点、采样日期和时间、被采样的流体、采样人；

12）按使用规程进行样本后续分析工作。

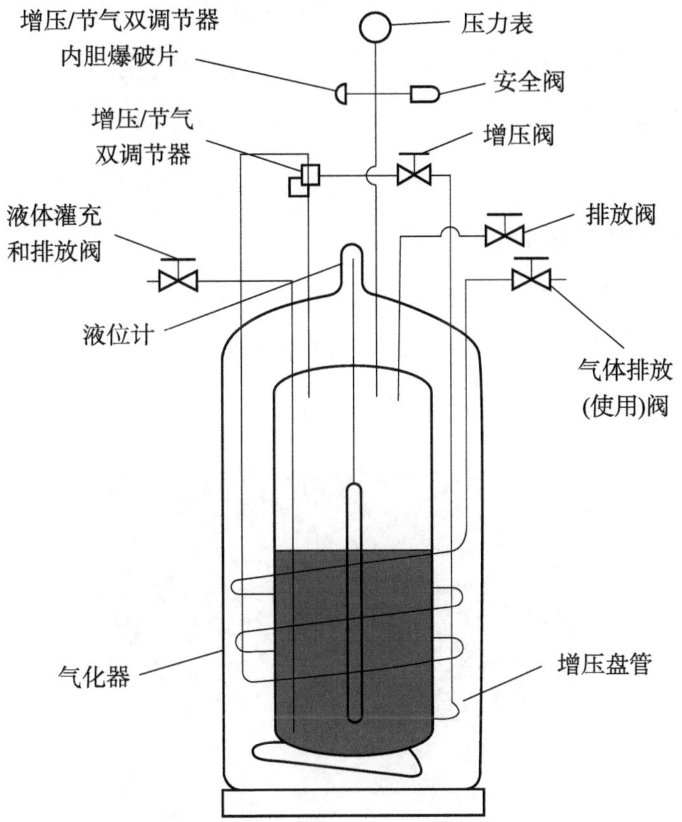

图 2-1　杜瓦瓶结构示意图

（2）低温取样器流程

Cosmodyne 低温气体取样器如图 2-2 所示。使用经批准的指定采样器，按以下步骤进行低温流体取样。

1）按涉氧系统清洁标准清洗所有设备，并按指定流程进行校验；

2）在使用采样器前，明确清点所有设备；

3）检视采样口是否有铁锈、脏物、水等污染物；

4）用清洗液清洗采样点的出口设备；

5）采用适当的转接件或软管连接取样器采样入口和采样点；

6）移走采样器出口防尘罩，打开系统取样阀；

7）开始预冷取样器直至取样器出口形成稳定流动；

8）打开取样器上的腔室阀，保持规定的时间并关闭，以便预冷容器腔用于后续低温液体的充填；

9）从系统中移走取样器，盖上进出口的防尘罩；

10）倾斜取样器将液体溢出至取样器外腔进行气化；

11）当取样器上的压力表读数超过 3 500 kPa 时，放气泄出取样器内的压力；

12）按流程贴取样标签：

a）标签标明样本并保持有样就有签；

b）标签应包含采样地点、采样日期和时间、被采样的流体、采样人；

13）按使用规程进行样本后续分析工作。

图 2-2　Cosmodyne 低温气体取样器

2.3　低温推进剂的直接取样（采样）方法

直接取样（采样）方法是在取样介质与分析单元直接连接的情况下的取样，一般用于在线分析。典型的直接取样（采样）方法案例如俄罗斯 ГОСТ Р 56248—2014《液氢技术规格》中所阐述的液氢贮箱取样法（图 2-3）。

液氢贮箱取样流程如下。

1）在使用采样器前，明确清点所有设备功能正常，启动气相色谱仪并自检；

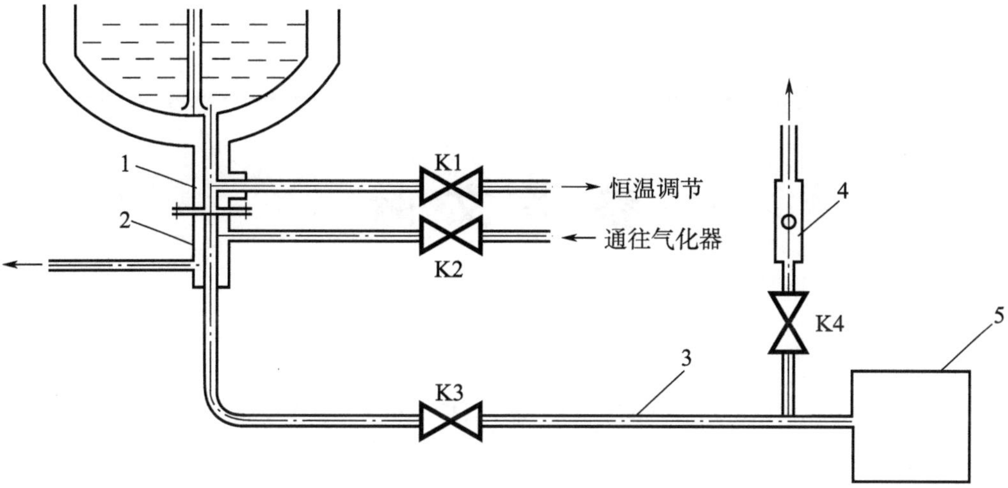

图 2-3　液氢贮箱取样法（ГОСТ Р 56248—2014）

1—取样管线；2—取样器；3—气体分析管线；4—流量计；5—气相色谱仪

2）打开阀门 K1 进行恒温调节，保障液氢状态正常；

3）打开阀门 K3、K4，对 K3 上游管路进行冷却，对 K3 下游管路进行置换，同时打开气化器高温介质（常用氮气）阀门 K2 对液氢进行气化，利用流量计等仪表反馈调节排放的氢气流量、温度、压强等，满足气相色谱仪的接入要求；

4）打开气相色谱仪的进口阀，关闭阀门 K4，使得样品氢气进入气相色谱仪并进行成分分析；

5）气相色谱仪分析结束后，关闭阀门 K2，打开阀门 K4，关闭气相色谱仪的进口阀 K3，在 K3 下游管路微正压条件下关闭阀门 K4。

参 考 文 献

[1] ASTM F310—2007. Standard Practice for Sampling Cryogenic Aerospace Fluids [S].

[2] GB/T 6681—2003. 气体化工产品采样通则 [S].

[3] GB/T 42864—2023. 液化天然气的取样设施及取样性能检验 [S].

[4] DB51/T 2445—2018. 液化天然气的取样 间歇法 [S].

[5] 赵波，魏宇锋，邱丰，等．进口液化天然气在线取样系统对比研究 [J]. 检验检疫学刊，2015，25（5）：32－35.

[6] 贺超．天然气取样器取样准确度及能耗分析与应用 [J]. 资源节约与环保，2022（1）：139－142.

[7] 李宝斐，罗怡凯．液化天然气取样系统应用技术综述 [J]. 科学管理，2009（10）：369－370.

第 3 章　液氧的检验分析

3.1　氧气和液氧的物理化学性质

3.1.1　氧气和液氧的物理性质

氧气是无色、无味气体，熔点－218.8 ℃，沸点－182.96 ℃，相对密度 1.14（－183 ℃，水＝1），相对蒸气密度 1.11（空气＝1），饱和蒸气压 506.62 kPa（－164 ℃），临界温度－118.95 ℃，临界压力 5.08 MPa，辛醇/水分配系数：0.65。大气中体积分数：20.95%（约 21%）。同素异形体有臭氧（O_3）、四聚氧（O_4）、红氧（O_8）。

表 3－1　氧气的物理性质

性质	条件或符号	单位	数据
气体密度	—	g/L	1.429
液体密度	—	kg/L	1.141
气体比重	空气＝1	—	1.105
摩尔体积	标准状况	L/mol	22.39
溶解热	—	kJ/mol	0.44
气化热	—	kJ/mol	6.82
介电常数	20 ℃,1 大气压	—	1.000 51

续表

性质	条件或符号	单位	数据
液氧介电常数	−193 ℃	—	1.507
折射系数	0 ℃,1 atm	—	1.000 271
磁感性	20 ℃	cm^3/g	106.2
迁移率	正离子 负离子	$cm^2/(V \cdot s)$	1.32 1.83
扩散系数(同种气体中)	正离子 负离子 (0 ℃,133.3 Pa)	$cm^2/(V \cdot s)$	21.3 32.0
在水中的分子扩散系数	20 ℃	$cm^2/(V \cdot h)$	6.7×10^{-2}
电离能	氧分子	kJ/mol	1165.9

液氧的物理性质参见表 3－2。

表 3－2　液氧的物理性质

化学符号	外观	沸点	凝固点	密度	磁性
O_2	呈浅蓝色	90.188 K (−182.96 ℃)	50.5 K(−222.65 ℃);冷却到−218.8 ℃成为雪花状的淡蓝色固体	(在沸点时)为 1.14 g/cm^3;通常气压(101.325 kPa)下密度 1.141 t/m^3(1 141 kg/m^3)	可以被磁铁所吸引

3.1.2　氧气和液氧的化学性质

氧气的化学性质比较活泼，具有助燃性和氧化性。除稀有气体、活性小的金属元素（如金、铂、银）外，大部分元素都能与氧气反应，这些反应称为氧化反应，而经过反应产生的化合物（由两种元素构成，且一种元素为氧元素）称为氧化物。一般而言，非金属氧化物的水溶液呈酸性，而碱金属或碱土金属氧化物则为碱性。此外，几乎所有的有机化合物都可在氧中剧烈燃烧，生成二氧化碳与水。

3.2　氧气和液氧质量相关的标准规范

无论是普通工业应用，还是航空航天等军工领域的应用，对液氧出厂验收、使用前检验等环节的质量均有明确要求。常用的涉及液氧及氧气质量相关标准如表 3－3 所示，涉及的液氧质量技术指标及要求如表 3－4 和表 3－5 所示。与工业氧技术要求相比，航天领域液氧技术指标中氧含量更高，并且对总碳、水、乙炔、二氧化碳等杂质含量均有明确规定，因此，航天领域液氧的检验分析仪器设备数量更多，测试不确定度要求更高。

表 3－3　液氧及氧气质量相关的标准规范

序号	标准代号	标准名称
1	GJB 2990A—2020	液氧安全应用准则
2	GJB 2040A—2019	液体火箭发动机用液氧规范
3	ГОСТ 6331—78	液氧技术与应用：技术条件
4	GB/T 3863—2008	工业氧

表 3－4　航天领域液氧技术指标（GJB 2990A—2020）

序号	项目名称	单位	验收指标	使用指标
1	氧含量	%（体积分数）	≥99.5	≥99.4
2	碳氢化合物总量 （以甲烷计）	10^{-6}（体积分数）	≤50	≤67.7
3	水含量 （或露点）	10^{-6}（体积分数） （℃）	≤25.9 （≤－53.3）	≤25.9 （≤－53.3）
4	乙炔含量	10^{-6}（体积分数） mL/L	0.05 ≤0.04	0.05 ≤0.04

续表

序号	项目名称	单位	验收指标	使用指标
5	二氧化碳含量	10^{-6}（体积分数） mL/L	7.5 ≤6	10 ≤8
6	油含量	mg/L	≤0.3	≤0.4
7	颗粒物含量	mg/L	≤1.0	≤1.0

表 3-5 工业氧技术要求（GB/T 3863—2008）

项目	指标	
氧（O_2）含量（体积分数）/10^{-2}	≥99.5	≥99.2
水（H_2O）	无游离水	

3.3 液氧质量的检验分析方法

无特殊规定时，检验试剂为纯试剂，所有用水为 GB/T 6682—2008《分析实验室用水规格和试验方法》规定的三级水，所用计量仪器定期进行校验并在规定的期限内使用。标准滴定溶液按 GB/T 601—2016《化学试剂 标准滴定溶液的制备》规定制备和标定。数值修约按 GB/T 8170—2008《数值修约规则与极限数值的表示和判定》规定进行。

3.3.1 氧含量的测定

3.3.1.1 原理

液氧气化后，利用铜氨溶液吸收法进行测定。

3.3.1.2 试剂与溶液

试剂与溶液如下：

1）氯化铵（GB/T 658—2006《化学试剂 氯化铵》）；

2）氢氧化铵（GB/T 631—2007《化学试剂 氨水》）；

3）吸收液：称取 600 g 氯化铵溶于 1 000 mL 水中，加入 1 000 mL 氢氧化铵，混合均匀。

3.3.1.3　仪器与设备

主要仪器与设备如下：

1）氧分析器：如图 3－1 所示，加工图应符合 GB/T 3863—2008《工业氧》中附录 A 的要求；

2）铜丝圈：用直径为 1 mm 的三号铜（GB/T 466—1982《铜分类》）铜丝，绕于直径为 5 mm 的棒上，然后取下剪成 10 mm 长的小段。

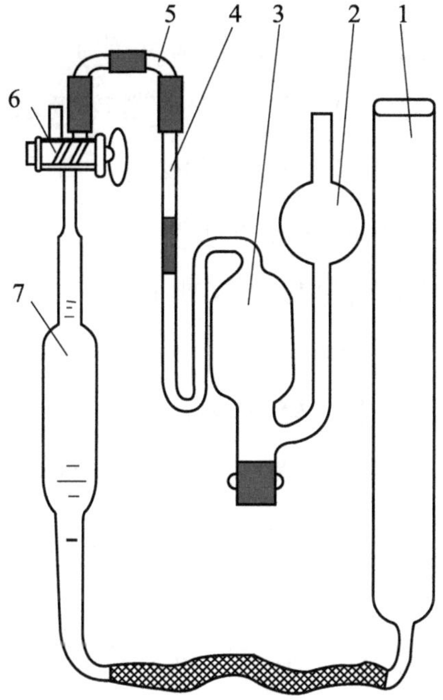

图 3－1　氧分析器示意图

1—水准瓶；2—液封瓶；3—吸收瓶；4—毛细管；5—连接管；6—三通活塞；7—量气管

3.3.1.4　测定步骤

测定准备工作如下：

1）用小段橡皮管把氧分析器的各部件连接起来，三通活塞涂擦少量真空活塞脂。

2）吸收瓶内装满铜丝圈。往水准瓶里注入吸收液。转动三通活塞，使量气管与吸收瓶相通，用水准瓶的升降使量气管、毛细管、吸收瓶及所有管道充满约 550 mL 吸收液。

3）调节量气管中的液面至适当位置，关闭活塞，放低水准瓶。若量气管里液位不降低，说明仪器不漏气。

测定步骤如下：

1）转动三通活塞，使量气管与大气相通，用水准瓶调节液面至活塞支管最高点，关闭三通活塞。

2）将液氧气化，先用较大气流吹除阀门及管道 30 s，再调至分析所需流量吹洗 1 min。

3）将气化后的样品气连接于三通活塞支管上，迅速打开三通活塞使样品气进入量气管，当稍微超过 100 mL 时，压紧连接水准瓶与量气管的橡皮管，迅速拆除取样用橡皮管。升高水准瓶使其液面略高于量气管中液面，微松橡皮管，使量气管中液面降至零点刻度时再压紧。

4）转动三通活塞，使量气管与吸收瓶相通，慢慢举起水准瓶，使样品气全部进入吸收瓶，关闭三通活塞。

5）小心而充分地振荡仪器。经 3 min 后，打开三通活塞，将气体缓慢返回量气管，当吸收液刚进入量气管时，关闭活塞举起水准瓶，使其中的液面与量气管液面对齐，这时量气管里液面相应的刻度，即为试样中氧气的体积百分含量。

6）使量气管内未被吸收的气体再次进入吸收瓶重新吸收，直至相邻两次读数之差不超过 0.05%时，本次分析结束。

注：①必须经常注意加满铜丝圈，使气体充分与铜丝接触。

②吸收液在吸收数十个样品后失效，于初发黄时更换，更换时要留旧溶液五分之一左右。

3.3.1.5 测定结果的表述

分析结束后，量气管内液面相应的刻度即为试样中氧的体积百分含量。所得结果表示至两位小数。两次平行测定值之差不得大于 0.05%，取平行测定值的算术平均值为结果。

3.3.2　碳氢化合物总量的测定

3.3.2.1　原理

液氧气化后进入色谱柱，使被测定的碳氢化合物各组分进行分离，用氢火焰离子化检测器检测。

3.3.2.2　仪器

所用主要仪器如下：

1）气相色谱仪：具有氢火焰离子化检测器的气相色谱仪，要求对液氧中甲烷的最低检出量为 1×10^{-6}（体积分数）。

2）进样系统：玻璃注射器或具有定量管的六通进样阀。进样量为 1 mL。

3）色谱柱：将涂有 3%阿皮松 M 的活性氧化铝装入长 1 m、内径 3 mm 的不锈钢柱管中，或者效果与其相当的其他色谱柱。

4）记录仪：满量程为 1 mV 或色谱数据处理机。

3.3.2.3　试剂与材料

试剂与材料如下：

1）三氯甲烷（GB/T 682—2002《化学试剂 三氯甲烷》）；

2）阿皮松 M：色谱固定液；

3）活性氧化铝（SZ6 - 02）：色谱担体 GF3W0.300/0.125 ～ GF3W0.224/0.090；

4）高纯氮（GB/T 8979—2008《纯氮、高纯氮和超纯氮》）；

5）氢气（GB/T 3634.2—2011《氢气 第 2 部分：纯氢、高纯氢和超纯氢》）：纯氢；

6）压缩空气。

3.3.2.4　色谱柱的制备

称取 0.3 g 阿皮松 M，用 15 mL 三氯甲烷溶解。然后再称取 10 g 于550 ℃灼烧 5 h 的活性氧化铝，浸泡在上述阿皮松 M 的三氯甲烷溶液中，边搅拌边用吹风机吹干，然后在 80 ℃下烘 2 h，装入不锈钢柱管内，在通载气及柱温 100 ℃ 下活化 8 h。

3.3.2.5　测定条件

测定条件如下：

1）柱温：50 ℃±0.5 ℃；

2）检测器温度：110 ℃±2 ℃；

3）载气：高纯氮（经硅胶和 5A 分子筛干燥净化）流量为 50 mL/min；

4）燃烧气：氢气（经 5A 分子筛干燥净化）流量为 55 mL/min；

5）助燃气：空气（经 5A 分子筛干燥净化）流量为 350 mL/min。

分析人员可根据具体情况选择最佳操作条件。

3.3.2.6　定量方法

定量方法如下：

1）采用外标法定量。以高纯氮为底气，配制含有甲烷、乙烷、乙烯、丙烷、丙烯、乙炔等组分的标准气体，标准气体中的各组分体积分数在 $8\times10^{-6}\sim12\times10^{-6}$范围内。

2）用玻璃注射器准确抽取 1.0mL 的标准气体，在规定的测定条件下，注入色谱仪内，碳氢化合物在阿皮松 M 色谱柱上的出峰顺序为甲烷、乙烷、乙烯、丙烷、丙烯、乙炔。记录各组分的峰高或峰面积。

3.3.2.7　测定步骤

待测定条件稳定后，将液氧气化，在与标准气体相同的测定条件下注入 1.0 mL 的样品气体。记录各组分的峰高或峰面积。

3.3.2.8　测定结果的表述

氧气中各种碳氢化合物的浓度根据峰高或峰面积计算公式为

$$C_i=C_s\times\frac{H_i}{H_s}\text{ 或 }C_i=C_s\times\frac{A_i}{A_s}\tag{3-1}$$

式中　C_i ——样品气体中被测组分的浓度，10^{-6}（V/V）；

　　　C_s ——标准气体中被测组分的浓度，10^{-6}（V/V）；

H_i、A_i——样品气体中被测组分的峰高（mm）、峰面积（mm^2）；

H_s、A_s——标准气体中被测组分的峰高（mm）、峰面积（mm^2）。

液氧中各种碳氢化合物浓度的总和即为碳氢化合物总量。

所得结果表示至一位小数。两次平行测定值的相对偏差不得大于±10%，取平行测定值的算术平均值为测定结果。

3.3.3　露点法测定水含量

将液氧气化后按 GB/T 5832.2—2016《气体分析 微量水分的测定 第 2 部分：露点法》规定的露点法进行测定。

3.3.3.1　原理

当一定体积的气体在恒定的压力下均匀降温时，气体和气体中水分的分压保持不变，直至气体中的水分达到饱和状态，该状态下的温度就是气体的露点。通常是在气体流经的测定室中安装镜面及其附件，通过测定在单位时间内离开和返回镜面的水分子数达到动态平衡时的镜面温度来确定气体的露点。

一定的气体水分含量对应一个露点温度；同时一个露点温度对应一定的气体水分含量。因此测定气体的露点温度就可以测定气体的水分含量。由露点值可以计算出气体中微量水分含量，由露点和所测气体的温度可以得到气体的相对水分含量。

3.3.3.2　仪器

（1）概述

仪器可以采用不同的方法设计，主要的不同在于镜面的设计、冷却镜面的方法、控制镜面温度的方法、确定露（霜或冰）形成的方法、测定镜面温度的方法等。

（2）仪器的一般要求

1）能够把流经测定室的气体以及镜面冷却到所需温度，降温速率和样气流速可以控制。

2）能确定露（霜或冰）的形成并能测定镜面温度。

3）测定室内的气压不能超过仪器允许的最大压力。

4）仪器应具有如下标志：仪器名称、型号、制造商、出厂日期及编号，国内制造的仪器应具有计量器具制造许可证的标志。

5）仪器的准确性可以溯源，仪器需经计量检定合格。

（3）镜面及其降温方法

1）镜面应当选择憎水、导热性好、耐腐蚀、硬度高、光学性能好的材料制作。常用材料有铑合金、金、铜、不锈钢及其他合金钢等。

2）半导体制冷法：通常采用一级或多级冷堆来获得所需的温度。

3）液化气体制冷法：通常采用加热使液化气体吸热进而使镜面制冷，也可以采用压缩气体通过液化气体浸泡的盘管冷却后制冷。

4）机械制冷法：采用小型冷冻机，通过介质的循环来制冷，该方法通常和半导体制冷法联合使用。

5）绝热膨胀制冷法：采用高压气体节流膨胀产生冷量来冷却镜面。

6）溶剂蒸发制冷法：用挥发性液体与镜子背面接触，向挥发性液体内通入低压气体使液体挥发来冷却镜面。

7）其他等效的降温方法。

（4）雾（霜或冰）层的确定

1）利用光的散射，采用光电系统来确定。

2）利用目视确定，包括利用放大镜或者显微镜来确定。

3）利用射线散射（α 或 β 射线）来确定。

4）利用石英的压电现象来确定。

5）通过图像识别技术来确定。

（5）露点的测量

①基本要求

测量露点温度时要使结露状态尽量保持一致，测温元件安装点的温度应尽量和镜面温度保持一致。

②镜面温度的测量

测量露点的元件有铝电阻、热电偶、热敏电阻、水银温度计等。高精度的露点仪几乎都采用铂电阻元件。

（6）气路系统

1）气路系统应无死体积或尽量减小死体积。气路连接管和取样管道应采用不锈钢管、铜管或壁厚不小于 1 mm 的聚四氟乙烯管，不允许使用乳胶管、普通橡胶管或尼龙管等。取样管道应该采用尽可能短的小口径管。

2）气路系统应进行检漏试验以确定其气密性良好，仪器的气密性应该达到仪器的检测要求。

3.3.3.3　试验步骤

（1）采样

1）采样中的安全要求应符合 GB/T 3723—1999《工业用化学产品采样安全通则》中的规定。

2）气态样品的采样原则及一般规定应符合 GB/T 6681—2003《气体化工产品采样通则》中的规定。

3）瓶装气体的采样用耐压针形阀，至少采用三次升、降压法吹洗采样阀及其他气路系统。

4）管道气体的采样应使用管道上的根部采样阀，并用尽可能短的连接管将样品气直接通入露点仪。

（2）流量校正

按照仪器说明书规定的气体流速，用皂膜流量计或其他方法来确定适当的样品气流速。

（3）测量

整个气路系统充分置换后就可以开始测量，当镜面温度离露点约 5 ℃时（对不知道露点范围的气体，可先进行一次粗测），手动制冷的露点仪应该缓慢地降低镜面温度，以尽量减小降温的惯性影响。到露点出现时，记录露点值。

消露（霜）后重复测定一次，当两次平行测定的误差满足仪器规定的要求时即可停止测定。

（4） 停机

待测定室温度恢复至室温后，卸下样品气，关闭仪器的气路进出口。

3.3.3.4 影响测定的主要因素

（1） 干扰物质

1） 水溶性物质（如水溶性的盐类）会使镜面提前结露（霜或冰）。

2） 不溶于水的物质（如灰尘、油污等）会干扰露点的测量，因此，当有这些干扰物存在时，应在取样系统增设气体过滤装置，且该装置应不影响水分含量的测定。

3） 如果气体中含有在水分冷凝前就凝结的气态杂质，应采用其他方法测定气体微量水分。

（2） 冷壁效应

冷壁效应会影响测定结果，应设法消除冷壁效应，否则采用其他方法进行测定。

（3） 制冷速率

如果气体的微量水分很低，镜面的制冷速率应尽量缓慢，以减小过冷现象的影响。

（4） 样气流速

通常在室温下进行气体微量水分的测定，当气流通过测定室时会影响体系的传热和传质过程。因此当其他条件固定时，加大流速将有利于气流和镜面之间的传质，但流速过大会造成过热问题而影响体系的热平衡。为了减小传热影响，样气流速应当控制在一定范围内。

3.3.3.5 精密度

重复性限和再现性限是衡量相应条件下测定方法的精密度的定量指标。

（1） 衡量精密度是否达到要求

1） 两个重复测定值的比较。其允许差为重复性限 r，若二者之差的绝对值小于允许差，则测定精密度合格，取平均值为最终值；否则，测定精密度不合格，应查找原因并重做。

2）一组重复测定值的最大值和最小值的比较，其允许差为 $r \times \frac{K_n}{2.83}$（$K_n$ 值与测定值个数 n 有关，如表 3 - 6 所示），若二者之差的绝对值小于允许差，则测定精密度合格，取该组的平均值为最终值；否则，测定精密度不合格，其中至少有一个测定值可疑，经检查，去掉可疑值后，重新衡量。

表 3 - 6　K_n 值与 n 的关系

n	K_n
2	2.83
3	3.40
4	3.74
5	3.98
6	4.16
7	4.31
8	4.44
9	4.55
10	4.65
15	5.00
20	5.24

（2）衡量室间精密度是否达到要求

1）两个实验室各测定一次的测定值比较。其允许差为再现性限 R，若二者之差的绝对值小于允许差，则测定精密度合格，取二者的平均值为最终值；否则，测定精密度不合格，应查找原因并重做。

2）两个实验室各重复测定两次，按重复测定值比较规定得到平均值 $\overline{U}_1$ 和 $\overline{U}_2$ 比较，其允许差为 $\sqrt{R^2 - \frac{r^2}{2}}$，若二者之差的绝对值小于允许差，则测定精密度合格，取 $\overline{U}_1$ 和 $\overline{U}_2$ 的平均值为最终值；否则，测定精密度不合格，应查找原因并重做。

3）两个实验室各自重复测定 n_1、n_2 次，按“一组重复测定值的最大值和最小值的比较”规定得到 $\overline{U}_1$ 和 $\overline{U}_2$ 比较，其允许差为 $\sqrt{R^2-r^2\left(1-\frac{1}{2n_1}-\frac{1}{2n_2}\right)}$，若二者之差的绝对值小于允许差，则测定精密度合格，取 $\overline{U}_1$ 和 $\overline{U}_2$ 的平均值为最终值；否则，测定精密度不合格，应查找原因并重做。

（3）用气体标准物质衡量实验室测定结果是否符合要求

同一实验室对气体标准物质重复测定 n 次，按“一组重复测定值的最大值和最小值的比较”规定，得到平均值 $\overline{U}$。与标准值比较，其允许差为 $\frac{1}{\sqrt{2}}\sqrt{R^2-r^2\left(\frac{n-1}{n}\right)}$，若二者之差的绝对值小于允许差，则认为该室测定结果符合要求；否则，认为该室测定结果不符合要求，应查找原因并改进。

（4）用气体标准物质衡量多个实验室测定结果是否符合要求

p 个实验室分别对气体标准物质重复测定次数 n_i，按“一组重复测定值的最大值和最小值的比较”规定得到平均值，取各平均值的平均值 $\overline{U}$ 与标准值比较：其允许差为 $\frac{1}{\sqrt{2p}}\sqrt{R^2-r^2\left(1-\frac{1}{p}\sum\frac{1}{n_i}\right)}$，若二者之差的绝对值小于允许差，则认为各室测定结果符合要求；否则，其中至少有一个 $\overline{U}$ 值不符合要求，经检验，去掉不符合要求的 $\overline{U}$ 值后，重新衡量。

3.3.3.6 结果处理

取两次平行测定结果的算术平均值作为露点值，两次平行测定的结果应满足对重复性的规定。

露点与体积分数的对应关系为

$$V_r=\frac{fe_d}{P-fe_d}\times 10^6 \qquad (3-2)$$

式中 V_r ——体积比，μL/L；

e_d ——在露点温度下的饱和水蒸气压，Pa；

P ——大气压，Pa；

f ——增强因子。

计算结果如表 3－7 和表 3－8 所示。

3.3.4　电解法测定水含量

测量方法应符合 GB/T 5832.1—2016《气体分析 微量水分的测定 第 1 部分：电解法》的规定。

3.3.4.1　*方法原理*

用涂敷了磷酸的两电极形成一个电解池，在两电极间施加一直流电压，气体中的水分被池内作为吸湿剂的五氧化二磷膜层连续吸收，生成磷酸，并被电解为氢和氧，同时五氧化二磷得以再生。当吸收和电解达到平衡后，进入电解池的水分全部被五氧化二磷膜层吸收，并全部被电解。若已知环境温度、环境压力和样气流量，根据法拉第电解定律和气体定律可推导出水的电解电流与样气湿度之间的关系为

$$I=\frac{QP\,T_0FU\times10^{-4}}{3\,P_0T\,V_0} \tag{3-3}$$

式中　T_0 ——参考温度，T_0 =273.15 K；

F ——法拉第常数，F =96 485 C/mol；

P_0 ——参考压力，P_0 =101 325 Pa；

I——水的电解电流，μA；

Q——样气流量，mL/min；

U ——样气湿度的体积分数，$\times10^{-6}$；

P ——环境压力，Pa；

T ——环境的绝对温度，K；

V_0 ——标准状态下样气的摩尔体积。

由式（3－3）可见，电解电流的大小正比于气体湿度，因此可通过测量电解电流来测量样气的湿度。若在标准大气压和 20 ℃条件下，一理想气体以 100 mL/min

表 3－7　体积分数换算表（露点 0～－79.9 ℃）

（单位：μL/L）

露点 t/℃	0.0	0.1	0.2	0.3	0.4	0.5	0.6	0.7	0.8	0.9
－0	6 092.22	6 046.96	5 997.01	5 947.45	5 898.26	5 849.44	5 800.99	5 752.92	5 705.20	5 657.86
－1	5 606.20	5 564.24	5 517.96	5 472.04	5 426.47	5 381.25	5 336.37	5 291.84	5 247.64	5 203.79
－2	5 155.95	5 117.09	5 074.23	5 031.71	4 989.51	4 947.64	4 906.09	4 864.86	4 823.95	4 783.35
－3	4 739.08	4 703.10	4 663.44	4 624.08	4 585.03	4 546.28	4 507.83	4 469.68	4 431.83	4 394.27
－4	4 353.30	4 320.02	4 283.33	4 246.93	4 210.81	4 174.97	4 139.41	4 104.13	4 069.12	4 034.39
－5	3 996.52	3 965.74	3 931.82	3 898.17	3 864.78	3 831.65	3 798.78	3 766.17	3 733.81	3 701.72
－6	3 666.71	3 638.28	3 606.93	3 575.84	3 544.98	3 514.38	3 484.01	3 453.89	3 424.00	3 394.36
－7	3 362.03	3 335.77	3 306.82	3 278.10	3 249.62	3 221.36	3 193.32	3 165.51	3 137.92	3 110.55
－8	3 080.71	3 056.47	3 029.76	3 003.25	2 976.96	2 950.89	2 925.02	2 899.36	2 873.90	2 848.65
－9	2 821.12	2 798.76	2 774.12	2 749.68	2 725.43	2 701.38	2 677.52	2 653.86	2 630.39	2 607.11
－10	2 581.73	2 561.11	2 538.40	2 515.86	2 493.52	2 471.35	2 449.36	2 427.56	2 405.93	2 384.48
－11	2 361.09	2 342.10	2 321.17	2 300.41	2 279.82	2 259.41	2 239.16	2 219.07	2 199.15	2 179.40

续表

露点 t/℃	0.0	0.1	0.2	0.3	0.4	0.5	0.6	0.7	0.8	0.9
−12	2 157.86	2 140.38	2 121.11	2 102.00	2 083.04	2 064.25	2 045.61	2 027.12	2 008.79	1 990.61
−13	1 970.80	1 954.70	1 936.97	1 919.39	1 901.95	1 884.66	1 867.52	1 850.51	1 833.65	1 816.93
−14	1 798.71	1 783.91	1 767.61	1 751.44	1 735.41	1 719.51	1 703.75	1 688.12	1 672.62	1 657.25
−15	1 640.51	1 626.91	1 611.93	1 597.07	1 582.34	1 567.74	1 553.26	1 538.90	1 524.66	1 510.55
−16	1 495.16	1 482.68	1 468.92	1 455.28	1 441.75	1 428.34	1 415.05	1 401.87	1 388.80	1 375.84
−17	1 361.73	1 350.26	1 337.64	1 325.12	1 312.71	1 300.41	1 288.21	1 276.12	1 264.13	1 252.25
−18	1 239.30	1 228.79	1 217.21	1 205.73	1 194.35	1 183.07	1 171.89	1 160.81	1 149.82	1 138.92
−19	1 127.05	1 117.42	1 106.81	1 096.29	1 085.87	1 075.53	1 065.29	1 055.13	1 045.06	1 035.09
−20	1 024.22	1 015.39	1 005.68	996.04	986.50	977.03	967.65	958.36	949.14	940.01
−21	930.06	921.99	913.09	904.28	895.54	886.89	878.31	869.80	861.37	853.02
−22	843.92	836.53	828.40	820.34	812.36	804.44	796.60	788.82	781.12	773.48
−23	765.17	758.42	750.99	743.62	736.32	729.09	721.93	714.83	707.79	700.81
−24	693.22	687.06	680.27	673.55	666.89	660.28	653.74	647.26	640.84	634.47

续表

露点 t/℃	0.0	0.1	0.2	0.3	0.4	0.5	0.6	0.7	0.8	0.9
−25	627.54	621.92	615.73	609.59	603.52	597.49	591.53	585.61	579.76	573.95
−26	567.63	562.51	556.86	551.27	545.73	540.24	534.80	529.41	524.07	518.79
−27	513.03	508.36	503.21	498.12	493.07	488.07	483.12	478.21	473.35	468.54
−28	463.29	459.04	454.36	449.72	445.13	440.58	436.07	431.61	427.19	422.80
−29	418.04	414.17	409.91	405.69	401.51	397.38	393.28	389.22	385.20	381.22
−30	376.88	373.36	369.49	365.66	361.87	358.11	354.38	350.69	347.04	343.42
−31	339.49	336.29	332.78	329.30	325.85	322.44	319.06	315.71	312.40	309.11
−32	305.54	302.64	299.45	296.30	293.17	290.07	287.01	283.97	280.96	277.99
−33	274.75	272.12	269.23	266.37	263.53	260.73	257.95	255.20	252.47	249.78
−34	246.84	244.46	241.84	239.25	236.68	234.14	231.63	229.13	226.67	224.23
−35	221.57	219.41	217.04	214.70	212.38	210.08	207.80	205.55	203.32	201.11
−36	198.70	196.76	194.61	192.49	190.39	188.31	186.26	184.22	182.20	180.21
−37	178.04	176.28	174.34	172.42	170.53	168.65	166.79	164.95	163.13	161.33

续表

露点 t/℃	0.0	0.1	0.2	0.3	0.4	0.5	0.6	0.7	0.8	0.9
−38	159.37	157.78	156.03	154.30	152.59	150.90	149.22	147.56	145.92	144.29
−39	142.52	141.09	139.52	137.96	136.41	134.88	133.37	131.88	130.40	128.93
−40	127.34	126.05	124.63	123.22	121.83	120.46	119.09	117.75	116.41	115.10
−41	113.66	112.50	111.22	109.96	108.70	107.47	106.24	105.03	103.83	102.64
−42	101.35	100.31	99.16	98.02	96.90	95.78	94.68	93.59	92.51	91.45
−43	90.29	89.35	88.32	87.30	86.28	85.29	84.30	83.32	82.35	81.39
−44	80.35	79.51	78.58	77.66	76.76	75.86	74.97	74.10	73.23	72.37
−45	71.44	70.68	69.85	69.03	68.21	67.41	66.61	65.83	65.05	64.28
−46	63.44	62.77	62.02	61.28	60.56	59.84	59.12	58.42	57.72	57.03
−47	56.29	55.68	55.01	54.35	53.70	53.06	52.42	51.79	51.17	50.55
−48	49.88	49.34	48.75	48.16	47.57	47.00	46.43	45.87	45.31	44.76
−49	44.16	43.68	43.15	42.62	42.10	41.59	41.08	40.58	40.08	39.59
−50	39.05	38.62	38.15	37.68	37.22	36.76	36.30	35.86	35.41	34.97

续表

露点 t/℃	0.0	0.1	0.2	0.3	0.4	0.5	0.6	0.7	0.8	0.9
−51	34.50	34.11	33.69	33.27	32.86	32.45	32.05	31.65	31.26	30.87
−52	30.44	30.10	29.72	29.35	28.98	28.62	28.26	27.91	27.55	27.21
−53	26.83	26.53	26.19	25.86	25.53	25.21	24.89	24.58	24.26	23.96
−54	23.62	23.35	23.05	22.76	22.47	22.18	21.90	21.62	21.34	21.07
−55	20.77	20.53	20.27	20.01	19.75	19.50	19.24	19.00	18.75	18.51
−56	18.24	18.03	17.80	17.57	17.34	17.11	16.89	16.67	16.45	16.24
−57	16.01	15.82	15.61	15.41	15.20	15.00	14.81	14.61	14.42	14.23
−58	14.02	13.86	13.67	13.49	13.32	13.14	12.96	12.79	12.62	12.46
−59	12.27	12.13	11.96	11.80	11.65	11.49	11.34	11.19	11.04	10.89
−60	10.73	10.60	10.46	10.31	10.18	10.04	9.903	9.769	9.637	9.506
−61	9.365	9.250	9.125	9.001	8.878	8.758	8.638	8.520	8.404	8.289
−62	8.165	8.064	7.954	7.844	7.737	7.630	7.526	7.422	7.320	7.219
−63	7.109	7.021	6.924	6.828	6.733	6.640	6.548	6.457	6.367	6.278

续表

露点 t/℃	0.0	0.1	0.2	0.3	0.4	0.5	0.6	0.7	0.8	0.9
−64	6.182	6.104	6.019	5.935	5.852	5.770	5.689	5.609	5.531	5.453
−65	5.369	5.301	5.226	5.152	5.079	5.008	4.937	4.867	4.798	4.730
−66	4.656	4.596	4.531	4.466	4.403	4.340	4.278	4.217	4.156	4.097
−67	4.032	3.980	3.923	3.867	3.811	3.756	3.702	3.649	3.596	3.544
−68	3.487	3.442	3.392	3.343	3.294	3.246	3.199	3.152	3.106	3.061
−69	3.012	2.972	2.929	2.886	2.843	2.802	2.761	2.720	2.680	2.640
−70	2.598	2.563	2.525	2.488	2.451	2.415	2.379	2.343	2.309	2.274
−71	2.237	2.207	2.174	2.141	2.109	2.078	2.047	2.016	1.986	1.956
−72	1.924	1.897	1.869	1.841	1.813	1.785	1.758	1.732	1.706	1.680
−73	1.652	1.629	1.604	1.580	1.556	1.532	1.508	1.485	1.463	1.440
−74	1.416	1.396	1.375	1.354	1.333	1.312	1.292	1.272	1.252	1.233
−75	1.212	1.195	1.177	1.158	1.140	1.123	1.105	1.088	1.071	1.054
−76	1.036	1.021	1.005	0.990	0.974	0.959	0.944	0.929	0.914	0.900

续表

露点 t/℃	0.0	0.1	0.2	0.3	0.4	0.5	0.6	0.7	0.8	0.9
−77	0.884	0.871	0.858	0.844	0.831	0.817	0.804	0.792	0.779	0.767
−78	0.753	0.742	0.730	0.719	0.707	0.696	0.685	0.674	0.663	0.652
−79	0.641	0.631	0.621	0.611	0.601	0.591	0.582	0.572	0.563	0.554

表 3－8 体积分数换算表（露点−80～−120 ℃）

（单位：μL/L）

露点 t/℃	0.0	0.1	0.2	0.3	0.4	0.5	0.6	0.7	0.8	0.9
−80	543.96	535.97	527.22	518.60	510.12	501.77	493.55	485.45	477.48	469.63
−81	461.14	454.29	446.80	439.43	432.17	425.02	417.98	411.05	404.23	397.52
−82	390.26	384.41	378.00	371.70	365.50	359.39	353.38	347.46	341.64	335.90
−83	329.71	324.71	319.25	313.87	308.57	303.36	298.24	293.19	288.23	283.34
−84	278.06	273.80	269.15	264.57	260.06	255.62	251.26	246.96	242.74	238.58
−85	234.09	230.46	226.50	222.61	218.78	215.01	211.30	207.65	204.06	200.52

续表

露点 t/℃	0.0	0.1	0.2	0.3	0.4	0.5	0.6	0.7	0.8	0.9
−86	196.71	193.63	190.27	186.96	183.71	180.51	177.37	174.27	171.23	168.23
−87	165.00	162.39	159.54	156.74	153.98	151.27	148.61	145.99	143.41	140.88
−88	138.14	135.93	133.52	131.15	128.82	126.53	124.28	122.06	119.89	117.74
−89	115.43	113.57	111.54	109.53	107.57	105.63	103.73	101.87	100.03	98.22
−90	96.27	94.70	92.99	91.30	89.65	88.02	86.42	84.84	83.30	81.78
−91	80.14	78.82	77.37	75.96	74.56	73.19	71.85	70.53	69.23	67.95
−92	65.57	65.46	64.25	63.05	61.89	60.74	59.62	58.51	57.42	56.35
−93	55.19	54.26	53.25	52.25	51.27	50.31	49.37	48.44	47.53	46.63
−94	45.66	44.89	44.04	43.21	42.39	41.58	40.79	40.02	39.26	38.51
−95	37.70	37.05	36.35	35.65	34.97	34.30	33.64	32.99	32.36	31.73
−96	31.06	30.52	29.93	29.35	28.78	28.23	27.68	27.14	26.61	26.10
−97	25.54	25.09	24.60	24.12	23.64	23.18	22.73	22.28	21.84	21.41
−98	20.95	20.58	20.17	19.77	19.38	18.99	18.62	18.25	17.89	17.53

续表

露点 t/℃	0.0	0.1	0.2	0.3	0.4	0.5	0.6	0.7	0.8	0.9
−99	17.15	16.84	16.50	16.17	15.85	15.53	15.22	14.91	14.61	14.32
~100	14.00	13.75	13.47	13.20	12.93	12.67	12.41	12.16	11.91	11.67
−101	11.41	11.20	10.97	10.75	10.53	10.31	10.10	9.89	9.69	9.49
−102	9.274	9.101	8.913	8.729	8.548	8.371	8.197	8.027	7.860	7.696
−103	7.520	7.379	7.225	7.073	6.925	6.780	6.638	6.498	6.362	6.228
−104	6.084	5.968	5.842	5.718	5.597	5.478	5.362	5.248	5.137	5.027
−105	4.910	4.815	4.712	4.611	4.512	4.416	4.321	4.228	4.137	4.048
−106	3.952	3.875	3.791	3.709	3.629	3.550	3.473	3.398	3.324	3.251
−107	3.173	3.111	3.043	2.976	2.911	2.847	2.784	2.723	2.663	2.605
−108	2.541	2.491	2.436	2.382	2.329	2.277	2.227	2.177	2.128	2.081
−109	2.030	1.989	1.945	1.901	1.858	1.817	1.776	1.736	1.697	1.658
−110	1.617	1.584	1.548	1.513	1.479	1.445	1.412	1.380	1.349	1.318
−111	1.285	1.258	1.229	1.201	1.174	1.147	1.120	1.094	1.069	1.044

续表

露点 t/℃	0.0	0.1	0.2	0.3	0.4	0.5	0.6	0.7	0.8	0.9
−112	1.018	0.997	0.974	0.951	0.929	0.907	0.886	0.865	0.845	0.825
−113	0.804	0.787	0.769	0.751	0.733	0.716	0.699	0.682	0.666	0.651
−114	0.634	0.620	0.605	0.591	0.577	0.563	0.550	0.537	0.524	0.511
−115	0.498	0.487	0.475	0.464	0.453	0.442	0.431	0.421	0.410	0.401
−116	0.390	0.381	0.372	0.363	0.354	0.345	0.337	0.329	0.321	0.313
−117	0.304	0.298	0.290	0.283	0.276	0.269	0.263	0.256	0.250	0.244
−118	0.237	0.232	0.226	0.220	0.215	0.209	0.204	0.199	0.194	0.189
−119	0.184	0.180	0.175	0.171	0.166	0.162	0.158	0.154	0.150	0.146
−120	0.142	—	—	—	—	—	—	—	—	—

的流量流经电解池，当样气湿度的体积分数为 1×10^{-6}时，由式（3－3）计算出水的电解电流为 13.4 μA。

3.3.4.2　仪器要求

满足下列要求的任何电解湿度计都可以使用：

1）有调节测试流量、旁通气流量的装置；

2）仪器气路系统应无死体积或应尽量减小死体积；

3）仪器气路系统应进行严格试漏，以确保气路系统的气密性；

4）在通常情况下，仪器的检测限应比样气湿度低一个数量级，当样气湿度的体积分数小于 5×10^{-6}时，仪器的检测限应至少小于样气湿度的 50%；

5）仪器时间常数：不大于 5 min；

6）全程式电解池的吸收效率应大于 98%；

7）仪器应经计量检定为合格并在有效期内。

3.3.4.3　试验方法

（1）采样

1）采样中的安全事项应符合 GB/T 3723—1999《工业用化学产品采样安全通则》中的相关规定。

2）气态样品的采样应符合 GB/T 6681—2003《气体化工产品采样通则》中的相关规定。

3）瓶装气体的采样使用耐压取样阀。用被测气体充分置换采样阀及采样管中的气体。

4）管道气体的采样应使用管道上的采样阀，并用尽可能短的采样管将样品气直接通入电解湿度计。

（2）测定

测定方法及测定前的准备按仪器说明书进行。

3.3.4.4　精密度

（1）重复性限

假定 m 个实验室对同一样品气用同一湿度计测定 n 组湿度：

U_1，U_{12}，…，U_{1n}，单次测定的标准差为 s_1，平均值为 $\overline{U}_1$；

U_{21}，U_{22}，…，U_{2n}，单次测定的标准差为 s_2，平均值为 $\overline{U}_2$；

……

U_{m1}，U_{m2}，…，U_{mn}，单次测定的标准差为 s_m，平均值为 $\overline{U}_m$。则

$$s_r = \sqrt{\frac{\sum_{i=1}^{m}\sum_{j=1}^{n}(U_{ij} - \overline{U}_i)^2}{m(n-1)}} \tag{3-4}$$

式中　m ——实验室总数；

n ——每个实验室测定样品的个数；

s_r ——重复性限标准差。

$$r = 2.83 s_r$$

式中　r ——重复性限。

（2）再现性限

$$s_l^2 = \frac{m\sum_{i=1}^{m}\overline{U}^2 - \left(\sum_{i=1}^{m}\overline{U}_i\right)^2}{m(m-1)} - \frac{s_r^2}{n} \tag{3-5}$$

式中　s_l ——室间标准差。

$$s_R = \sqrt{s_l^2 + s_r^2} \tag{3-6}$$

式中　s_R ——再现性标准差。

$$R = 2.83 s_R \tag{3-7}$$

式中　R ——再现性限。

（3）精密度要求

重复性限和再现性限是衡量相应条件下测定方法的精密度的定量指标，精密度要求参照 3.3.3.5 节规定。

3.3.4.5　注意事项

1）由于温度、压力影响湿度测定，因此应在接近仪器生产厂标明的温度、压力下取样。

2）样品气进入仪器前应平衡至环境温度，电解池内样品气的压力应接近

大气压。

3）本底值降得越低越好，否则会增加分析结果的误差。

4）电解池的性能检查及相应的处理方法按仪器说明书进行。

3.3.5 光腔衰荡光谱法测定水含量

方法应符合 GB/T 5832.3—2011《气体中微量水分的测定 第 3 部分：光腔衰荡光谱法》的规定。

3.3.5.1 方法原理

一束单波长激光进入光腔后，光束在腔镜之间来回反射振荡。当切断光源后，其能量就会随时间而衰减，衰减的速度与光腔自身的损耗（包括透射、散射）和腔内被测组分（介质）的吸收有关。对于给定的光腔，其自身的损耗为常量。光能量衰减的速度与被测组分的含量有关。被测组分的含量与其分子在光腔内的密度成正比，分子的密度由衰荡时间计算公式为

$$D=\frac{1}{c\cdot\sigma(\nu)}\left[\frac{1}{\tau(\nu)}-\frac{1}{\tau_{\text{empty}}}\right] \tag{3-8}$$

式中　τ_{empty} ——无吸收介质的衰荡时间，s；

c ——光速；

$\tau(\nu)$ ——有吸收介质的衰荡时间，s；

$\sigma(\nu)$ ——分子在激光频率 ν 的吸收横截面积，m^2；

D ——被测分子密度，与含量成正比，分子数/m^3。

被测组分的含量计算公式为

$$x=\frac{D}{D_{总}}=\frac{D}{\frac{N_APV}{RT}}=\frac{RT}{N_APVc\sigma(\nu)}\cdot\left[\frac{1}{\tau(\nu)}-\frac{1}{\tau_{\text{empty}}}\right] \tag{3-9}$$

式中　x ——被测组分含量，mol/mol；

$D_{总}$ ——气体分子总密度，分子数/m^3；

P ——光腔池中的压力，Pa；

T ——光腔池中的温度，K；

N_A ——阿伏伽德罗常数，$6.022\,140\,76\times10^{23}$个/ mol；

R ——气体常数，8.314 510 5 J/（mol · K）；

c ——光速，m/s；

V ——光腔池的体积，m^3。

3.3.5.2　仪器一般要求

仪器一般要求如下：

1）应能根据气体的种类进行测定；

2）应有调节压力和流量的装置；

3）仪器应经检定或校准，并在有效期内。

3.3.5.3　试验步骤

（1）采样

1）采样中的安全要求应符合 GB/T 3723 中的规定。

2）应使用无死体积或死体积小的采样阀。

3）采样管线应采用内抛光的不锈钢管，且应尽可能短；管径应尽可能小；管壁对水分应无吸附，接头应无渗漏，应无死体积。不应使用铜管、聚四氟乙烯管、乳胶管、普通橡胶管或尼龙管等。

4）采样管路连接完成后应进行泄漏检测，以保证采样系统的气密性，并应用样品气体对采样管路进行充分吹扫置换。

（2）测定

1）按仪器说明书开启仪器。

2）用待测气体吹扫气路系统。

3）选择待测气体的种类。

4）将仪器设定为测量状态，按仪器说明书调节气体压力和流量，测定待测气体。

5）当仪器稳定时，读取水分含量值。

3.3.5.4　结果处理

当仪器稳定时，读取气体中水分含量的体积分数。每隔 10 min 读数一次，连续读两次，当两次读数的相对偏差小于 4%时，取两次读数的算术平均值为最终分析结果。

3.3.6　乙炔含量的测定

3.3.6.1　原理

乙炔与吸收液中的亚铜盐胶质溶液生成红色的乙炔铜，利用分光光度法进行测定。

3.3.6.2　仪器与设备

乙炔含量测定装置如图 3－2 所示。所需主要仪器与设备如下：

1）分光光度计；

2）蒸发瓶：250 mL；

3）吸收管：20 mL；

4）蛇形冷凝管：18～22 圈；

5）微量注射器：50 μL；

6）冰瓶：内径 200 mm，高 250 mm。

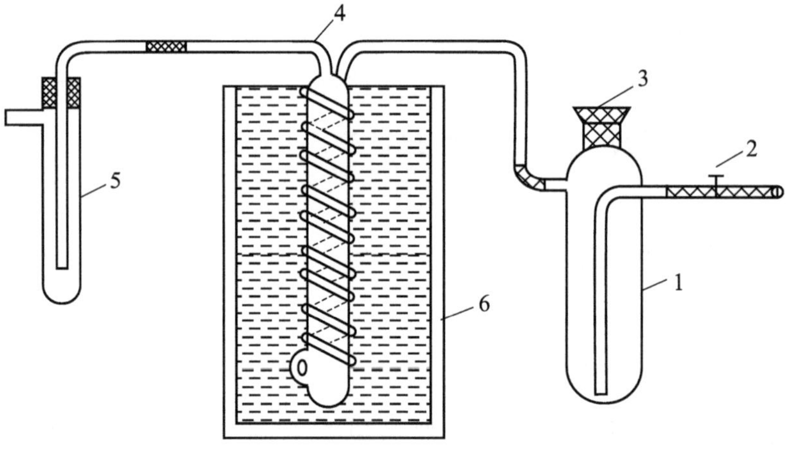

图 3－2　乙炔含量测定装置

1—蒸发瓶；2—螺旋夹；3—橡皮塞；4—蛇形冷凝管；5—吸收管；6—冰瓶

3.3.6.3　试剂与溶液

试剂与溶液如下：

1）溶解乙炔：纯度在 90％以上（按 GB 6819—2004《溶解乙炔》分析乙

炔的纯度)；

2）氨水（1+1)：取 50 mL 氢氧化铵（GB/T 631—2007《化学试剂 氨水》)，用水稀释到 100 mL，摇匀；

3）硝酸铜溶液：称取 10 g 硝酸铜（HG/T 3443—2014《化学试剂 三水合硝酸铜（硝酸铜）》，溶解于 100 mL 容量瓶中，用水稀释到指定刻度，摇匀；

4）盐酸羟胺溶液：称取 46g 盐酸羟胺［GB/T 6685—2007《化学试剂 氯化羟胺（盐酸羟胺）》］，溶解于 100 mL 容量瓶中，用水稀释到指定刻度，摇匀；

5）白明胶溶液，称取 0.5 g 优质白明胶，加 25 mL 水，加热使其溶解；

6）无水乙醇［GB/T 678—2023《化学试剂 乙醇（无水乙醇）》］；

7）乙炔吸收液：在 100mL 容量瓶中，加入硝酸铜溶液 5 mL，氨水（1+1）5 mL，盐酸羟胺溶液 5mL，于沸腾水浴中加热还原成无色，再加入白明胶溶液 4.5 mL 及无水乙醇 32 mL，用水稀释至指定刻度，摇匀。

3.3.6.4　标准曲线的绘制

标准曲线的绘制如下：

1）在 6 支 25mL 容量瓶中，分别加入乙炔吸收液至刻度，并盖上胶塞；

2）用 50 μL 的微量注射器分别向容量瓶的乙炔吸收液内注入 5 μL、10 μL、15 μL、20 μL、25 μL、30 μL 已知纯度的乙炔气，摇匀；

根据式（3-10）计算出每毫升吸收液相当于含有乙炔的体积，即

$$C_i = \frac{C_1 \cdot V_i}{V_1} \times 10^{-2} \tag{3-10}$$

式中　C_i——容量瓶中每毫升吸收液相当于含有乙炔的体积，μL/mL；

C_1——乙炔气的纯度，%；

V_i——注入容器瓶内乙炔的体积，μL；

V_1——容量瓶中吸收液的体积，mL；

3）室温下放置 30 min，在波长 540 nm 处，用 3 cm 的玻璃吸收池，以乙炔吸收液为空白测其吸光度 A；

4）以每个容量瓶内所含乙炔浓度 C_i 为横坐标，吸光度 A 为纵坐标，绘制

标准曲线。

3.3.6.5 测定步骤

测定步骤如下：

1）用蒸发瓶取 0.25 L 的液氧试样，迅速连接在事先浸在装有液氧的冰瓶中的冷凝管上，盖紧橡皮塞，蒸发瓶内液氧在蒸发过程中，不断向冰瓶内添加冷却用液氧；

2）当蒸发瓶内液氧全部蒸发完后，接通氮气，打开螺旋夹，调节氮气以每秒 2～3 个气泡的流量吹洗系统 10 min；

3）关闭螺旋夹，将蛇形冷凝管出口接在装有 10 mL 乙炔吸收液的吸收瓶上，然后将冷凝管慢慢从冰瓶中取出，使乙炔自然蒸发并被吸收，当吸收液内不再冒气泡时，打开螺旋夹，仍以每秒 2～3 个泡的流量向系统通氮气 15 min，使乙炔从蛇形冷凝管中全部驱除而被吸收；

4）吸收完毕后，将吸收液倒入 3 cm 的玻璃吸收池中，在波长 540 nm 处，以乙炔吸收液为空白进行比色，测定其吸光度 A，根据吸光度 A 从标准曲线上查出每毫升吸收液相当于含有乙炔的体积。

3.3.6.6 测定结果的表述

液氧中乙炔含量计算公式为

$$C=\frac{C_i \cdot V_g}{V}\times 10^{-3} \tag{3-11}$$

式中 C ——液氧中的乙炔含量，mL/L；

C_i ——每毫升吸收液相当于含有乙炔的体积，μL/mL；

V_g ——测定样品时吸收液的体积，mL；

V ——测定样品时所取液氧的体积，L。

所得结果保留至小数点后三位。两次测定值之差不大于 0.01 mL/L，取平行测定值的算术平均值作为测定结果。

3.3.7　二氧化碳含量的测定

3.3.7.1　原理

用过量的氢氧化钡溶液吸收二氧化碳，以盐酸滴定剩余的氢氧化钡，根据氢氧化钡的消耗量计算二氧化碳的含量。

3.3.7.2　仪器与设备

二氧化碳含量测定装置如图 3－3 所示。所需主要仪器与设备如下：

1）蒸发瓶：250 mL；

2）蛇形冷凝管：18～22 圈；

3）吸收瓶：100 ml 的三角瓶；

4）冰瓶：内径 200 mm，高 250 mm；

5）滴定管：50 mL。

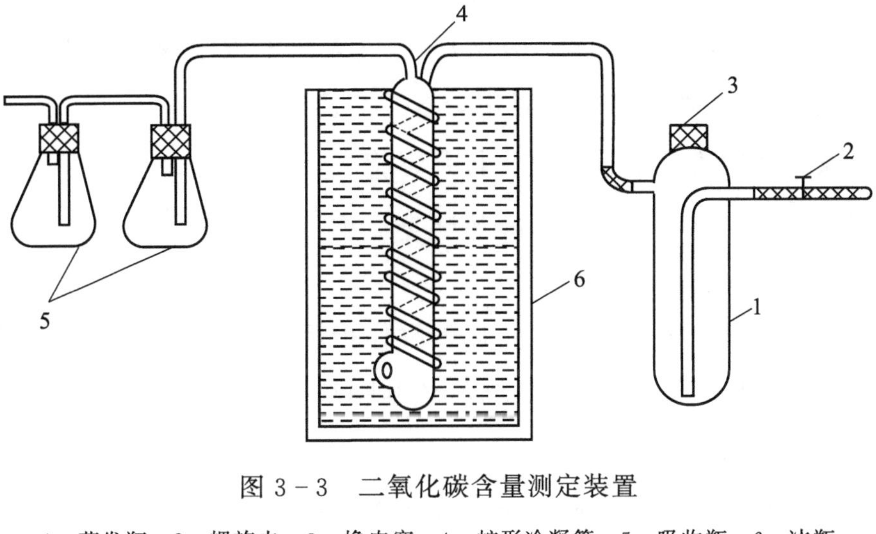

图 3－3　二氧化碳含量测定装置

1—蒸发瓶；2—螺旋夹；3—橡皮塞；4—蛇形冷凝管；5—吸收瓶；6—冰瓶

3.3.7.3　试剂与溶液

试剂与溶液如下：

1）盐酸（GB/T 622—2006《化学试剂 盐酸》）；

2）氢氧化钡［HG/T 2629—2011《化学试剂 八水合氢氧化钡（氢氧化钡）》］；

3）氯化钡（GB/T 652—2003《化学试剂 氯化钡》）；

4）1％酚酞指示液：按 GB/T 603—2023《化学试剂 试验方法中所用制剂及制品的制备》配制；

5）0.02 mol/L 盐酸标准滴定溶液；

6）0.01 mol/L 氢氧化钡吸收液：称取 3.16 g 氢氧化钡及 0.14 g 氯化钡溶解在 1 L 的容量瓶内，用水稀释到指定刻度，摇匀。放置一周，使用时取其上面的澄清液。

3.3.7.4 测定步骤

测定步骤如下：

1）用蒸发瓶取 0.25 L 的液氧试样，迅速连接在事先浸在装有液氧的冰瓶中的蛇形冷凝管上，盖上橡皮塞，蒸发瓶内液氧在蒸发过程中，不断向冰瓶内添加冷却用液氧。

2）当蒸发瓶内液氧全部蒸发完后，将蛇形冷凝管的出口接在串联的两个吸收瓶上，每个吸收瓶内装有 0.01 mol/L 氢氧化钡吸收液 25 mL。慢慢地将蛇形冷凝管从冰瓶中取出，让二氧化碳自然蒸发并被吸收。

3）当吸收瓶内无气泡冒出时，打开螺旋夹，用每秒 2～3 个气泡的流量向系统吹入氮气 15 min，使二氧化碳从蛇形冷凝管中全部被吹出进而被吸收液吸收。

4）吸收完毕后，取下吸收瓶，以酚酞作指示剂，用 0.02 mol/L 的盐酸标准滴定溶液滴定过剩的氢氧化钡，当红色刚刚消失即为终点，记下消耗的盐酸标准滴定溶液的体积。

5）另取串联的两个吸收瓶，每个吸收瓶内装 0.01 mol/L 氧氧化钡吸收液 25 mL，用每秒 2～3 个气泡的流量吹氮气 15 min 后，进行空白试验，两次空白试验的平均值为空白试验时消耗盐酸标准滴定溶液的体积。

3.3.7.5 测定结果的表述

液氧中二氧化碳含量计算公式为

$$C=\frac{0.224\times M\times(V_3-V_2)}{0.02\times V_1} \tag{3-12}$$

式中　C ——液氧中二氧化碳含量，mL/L；

V_1 ——测定样品时所取液氧的体积，L；

V_2——滴定吸收液时所消耗的盐酸标准滴定溶液的体积，mL；

V_3 ——空白试验时所消耗的盐酸标准滴定溶液的体积，mL；

M ——盐酸标准滴定溶液的实际摩尔浓度。

式（3－12）中，1 mL 0.02 mol/L 的盐酸标准滴定溶液所相当的二氧化碳体积，即标准状态下为 0.224 mL/mL；盐酸标准滴定溶液的理论摩尔浓度为 0.02 mol/L。

所得结果保留至小数点后一位。两次平行值之差不大于 0.5 mL/L，取平行测定值的算术平均值为测定结果。

3.3.8　油含量的测定

3.3.8.1　原理

液氧中的油主要来自压缩机油，压缩机油中含有在紫外光区有特征吸收峰的芳烃类物质。采用紫外分光光度法测定液氧中的油含量。

3.3.8.2　仪器与设备

主要仪器与设备如下：

1）紫外分光光度计；

2）圆底烧瓶：1 L；

3）移液管：10 mL。

3.3.8.3　试剂与材料

试剂与材料如下：

1）石油醚（GB/T 15894—2008《化学试剂 石油醚》）：60～90 ℃；

2）压缩机油（GB/T 12691—2021《空气压缩机油》）：L－DAB150；

3）粗孔微球硅胶：GF3W0.300/0.125～GF3W0.180/0.071；

4）活性氧化铝（HG/T 3927—2007《工业活性氧化铝》）：GF3W0.250/0.112－GF3W0.140/0.071。

3.3.8.4　测定前的准备

（1）石油醚透光率的测定

将石油醚放在 1 cm 石英吸收池中，用二次蒸馏水作空白，在波长 226.2 nm 处测其透光率不应小于 70%，否则进行脱芳烃处理。

（2）石油醚的脱芳烃处理

将粗孔微球硅胶和活性氧化铝分别在 150～160 ℃温度下活化 4 h。在未完全冷却前装入内径 25 mm、高 750 mm 的玻璃管中。下层为 600 mm 高的硅胶层，上层覆盖 50 mm 高的活性氧化铝。将石油醚从上而下通过此柱进行脱芳烃处理，处理后的石油醚测定其透光率应不小于 70%。

（3）标准曲线的绘制

标准曲线的绘制步骤如下：

1）称取 0.1 g 的压缩机油，用石油醚溶解在 50mL 容量瓶中，稀释至指定刻度，摇匀。此溶液浓度为 2 mg/mL。

2）吸取上述溶液 2.5 mL 于 50 mL 容量瓶中，以石油醚稀释至指定刻度，摇匀。其溶液浓度为 0.1 mg/mL，此溶液称为标准使用液。

3）分别吸取标准使用液 0.50 mL、1.00 mL、2.00 mL、3.00 mL、4.00 mL、5.00 mL 于25 mL 容量瓶中，以石油醚稀释至指定刻度，摇匀。其浓度分别为 0.002 mg/mL、0.004 mg/mL、0.008 mg/mL、0.012 mg/mL、0.016 mg/mL、0.020 mg/mL。在波长 226.2 nm 处用 1 cm 石英吸收池，以石油醚为空白，分别测其吸光度，绘制标准曲线。

3.3.8.5　测定步骤

用洗净脱脂的圆底烧瓶取液氧试样 1 L，在室温下自然蒸发，待蒸发完毕、外壁霜解冻后，用移液管加入 10 mL 石油醚，充分冲洗烧瓶内壁，使油全部溶解，补充石油醚至 10 mL 体积，摇匀。用移液管取上述溶液于 1 cm 石英吸收池中，在波长 225.2 nm 处，以石油醚为空白，测其吸光度。

3.3.8.6　测定结果的表述

液氧中油含量计算公式为

$$C = \frac{C_1 \cdot V_1}{V} \tag{3-13}$$

式中 C ——液氧中油含量，mg/L；

C_1 ——由标准曲线上查出的油浓度，mg/mL；

V_1 ——冲洗圆底烧瓶用石油醚体积，mL；

V ——测定样品时所用液氧体积，L。

两次平行测定值之差不大于 0.05 mg/L，取平行测定值的算术平均值为测定结果。

3.3.9　颗粒物含量的测定

3.3.9.1　原理

根据液氧过滤前后滤纸质量之差，计算颗粒物含量。

3.3.9.2　仪器与材料

仪器与材料如下：

1）液氧过滤器：装置如图 3-4 所示；

2）液氧承收容器：5 L；

3）滤纸：49 型玻璃纤维过滤纸。

3.3.9.3　测定前的准备

测定前的准备如下：

1）将过滤器各部件洗净烘干。

2）将滤纸剪成 ϕ 47 mm 的圆片，放在洗净烘干的培养皿中。置于 70 ℃ 的电热干燥箱内烘干 30 min，取出放在干燥器内冷却 30 min，称量至恒重。

3）将过滤器底座垂直向上放平，把多孔支撑架放在底座上，将 0.2 mm 厚的聚四氟乙烯垫圈放在支撑架上，再将滤纸（毛面向上）放在此垫圈上，滤纸上再放一个 1 mm 厚的聚四氟乙烯垫圈，将过滤漏斗平压在过滤器底座上，用压紧螺帽拧紧。

3.3.9.4　测定步骤

测定步骤如下：

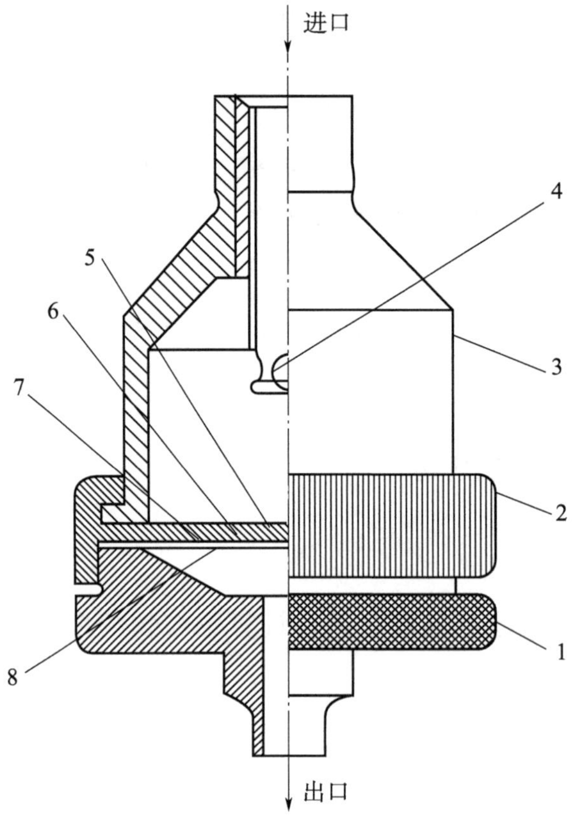

图 3 - 4　液氧过滤器装置

1—过滤器底座；2—过滤器压紧螺帽；3—过滤漏斗；4—4 个等间距孔；5—厚 1 mm 聚四氟乙烯垫圈；6— ϕ 49 mm 49 型玻璃纤维过滤纸；7—厚 0.2 mm 聚四氟乙烯垫圈；8— ϕ 50 mm 多孔支撑架

1）将金属软管一端连接在液氧贮存容器的取样阀上，另一端与液氧过滤器入口相连，过滤器出口连接在液氧承收容器上；

2）打开液氧贮存容器的取样阀，使液氧缓慢从过滤器内流入液氧承收容器内，承收容器有液氧溢出时停止过滤；

3）拆下过滤器，用电热吹风机加热使过滤器外壁霜化水干，拧开过滤器压紧螺帽，用镊子将滤纸取下，放在培养皿中，检查滤纸如有破裂或其边缘有污物，实验重做；

4）将滤纸放在 70 ℃的电热干燥箱内烘 30 min，取出放在干燥器内冷却 30 min，称量至恒重。

3.3.9.5　测定结果的表述

液氧中颗粒物含量计算公式为

$$C=\frac{M_2-M_1}{V}\times 1\,000 \qquad (3-14)$$

式中　C ——液氧中的颗粒物含量，mg/L；

M_1 ——过滤前滤纸的质量，g；

M_2 ——过滤后滤纸的质量，g；

V ——测定样品时所取液氧的体积，L。

取平行测定值的算术平均值为测定结果。

参 考 文 献

[1] GJB 2040A—2019. 液体火箭发动机用液氧规范 [S].

[2] ГОСТ 6331-78. КИСЛОРОД ЖИДКИЙ ТЕХНИЧЕСКИЙ И МЕДИЦИНСКИЙ ТЕХНИЧЕСКИЕ УСЛОВИЯ [S].

[3] GB/T 3863—2008. 工业氧 [S].

[4] GJB 2990A—2020. 液氧安全应用准则 [S].

[5] GB/T 5832.1—2016. 气体分析 微量水分的测定 第1部分：电解法 [S].

[6] GB/T 5832.2—2016. 气体分析 微量水分的测定 第2部分：露点法 [S].

[7] GB/T 5832.3—2011. 气体中微量水分的测定 第3部分：光腔衰荡光谱法 [S].

第 4 章　液氢的检验分析

4.1　氢气和液氢的物理化学性质

4.1.1　氢气和液氢的物理性质

4.1.1.1　氢气的物理性质

氢气是无色且密度比空气小的气体（在气体中，氢气的密度最小。标准状况下，1 L 氢气的质量是 0.089 g，比相同体积的空气轻得多）。因为氢气难溶于水，所以可以用排水集气法收集氢气。另外，在一个标准大气压下，温度 −252.87 ℃时，氢气可转变成无色的液体；−259.1 ℃时，变成雪状固体。

表 4－1　氢气的物理性质

项目	数值	项目	数值
沸点/℃	−252.8(1 atm)	熔点/℃	−259.2(1 atm)
密度/(g/L)	0.089(1 atm，0 ℃)	气液体积比/(L/L)	974(15 ℃,1 atm)
相对分子质量	2.01588	临界密度/(kg/m^3)	66.8
三相点/℃	−254.4	临界压力/MPa	1.313
熔化热/(kJ/kg)	48.84(−254.5 ℃,平衡态)	表面张力/(mN/m)	3.72(平衡态,−252.8 ℃)
热值/(J/kg)	1.4×10^8	折射系数	1.000 126 5(1 atm,25 ℃)

续表

项目	数值	项目	数值
比热比	C_p/C_v =1.40(1 atm,25 ℃,气体)	易燃性级别	4
比热容 (C_p)/[kJ/(kg · K)]	14.30 ,(1 atm,25 ℃)	比热容 (C_v)/[kJ/(kg · K)]	10.21 ,(1 atm,25 ℃)
气化热/(kJ/kg)	305(−249.5 ℃)	临界温度/℃	−239.97
比容/(m^3/kg)	11.12(1 atm,21.2 ℃)	蒸气压力/kPa	53.33(正常态,21.621 K) 119.99(正常态,24.249 K)
黏度/(mPa · s)	0.010 (1 atm,0 ℃)	导热系数/[W/(m · K)]	0.128 9

4.1.1.2 液氢的物理性质

液态氢是氢的一种物理状态。它具有许多特性，区别于其气态和固态。液氢的主要物理性质如下。

沸点：液氢在−252.87 ℃左右沸腾。它是所有已知物质中沸点最低的，这使得它在许多技术中应用非常广泛。

密度：液氢的密度约为 70.99 g/L（1 atm，20 ℃）。液氢的密度明显低于水的密度，更轻，更具流动性。

颜色和透明度：液氢是透明的，没有颜色，使其肉眼不可见。

分子结构：液态氢由分子组成，每个分子由两个氢原子（H_2）组成。这些分子处于近似位置，并通过范德瓦耳斯力相互作用。

热容：液氢具有很高的热容，这意味着其加热或冷却需要大量的能量。

高导热性：液氢具有高导热性，是良好的热载体，可用于各种工艺过程。

4.1.2 氢气和液氢的化学性质

4.1.2.1 氢气的化学性质

常温下，氢气的性质很稳定，不容易跟其他物质发生化学反应。但当条件改变时（如点燃、加热、使用催化剂等），情况不同。例如，氢气被钯或铂等金属吸附后具有较强的活性（特别是被钯吸附）。金属钯对氢气的吸附作用最强。氢气与电负性大的元素反应显示还原性，与活泼金属单质常显示氧化性。氢气在催化剂的存在下能与大部分有机物进行加成反应。

氢气是极易燃的。氢气的最小点火能量（MIE）非常低（17 mJ），而可燃浓度范围又非常宽（最低可燃浓度：4%，最高可燃浓度：75%）。由于最低可燃浓度仅有 4%，离泄漏点很远的地方（很大的范围）都有可能形成可燃混合气体环境，而极低的 MIE 又令爆炸性混合气体极易被点燃而产生火灾和爆炸。比如人体摩擦产生的放电可以达到 10 mJ。高压氢气喷出时使空气中的粉尘粒子摩擦产生静电也是一个显著的点火源。

4.1.2.2　液氢的化学性质

液氢泄漏后在地面聚集成液氢池，由于液氢的蒸发在液氢池表面也会形成低温的氢云，与空气混合产生爆炸性混合气体环境。

液氢直接接触空气后会导致空气中的成分（如水分和二氧化碳）冷凝和固化，使液氢受到污染，固体粒子会塞住泄压阀或其他过压保护装置。特别是空气中氮气（77.3 K）和氧气（90.2 K）的沸点不同，氧气会先冷凝或者后气化，两种情况都可能产生富氧爆炸性冷凝混合物，而导致剧烈爆炸。

4.2　液氢质量相关的标准规范

无论是普通工业领域的应用，还是航空航天等军工领域的应用，对液氢出厂验收、使用前检验等环节的质量均有明确要求。常用的涉及液氢及氢气质量相关标准如表 4-2 所示，涉及的液氢和氢气各领域相关技术指标及要求如表 4-3～表 4-8 所示。与工业氢气技术要求相比，航天领域液氢技术指标中氢含量更高，并且对总碳、水、乙炔、二氧化碳等杂质含量均有明确规定，因此，航天领域液氢和氢气的检验分析仪器设备数量更多，测试不确定度要求更高。

表 4-2　液氢质量相关的标准规范名录

序号	标准编号	标准名称
1	GB/T 3634.1—2006	氢气 第1部分:工业氢
2	GB/T 3634.2—2011	氢气 第2部分:纯氢、高纯氢和超纯氢
3	GJB 5405—2005	液氢安全应用准则
4	JB/T 7530—2007	热处理用氩气、氮气、氢气一般技术条件
5	GB/T 40045—2021	氢能汽车用燃料 液氢
6	GJB 71A—2019	液体火箭发动机用液氢规范
7	ГОСТ Р 56248—2014	液氢技术规格

表 4-3　液体火箭用液氢技术指标 (GJB 71A—2019)

序号	项目名称	单位 (体积分数)	指标	
			不含氮[a]	含氮[b]
1	氢含量	10^{-2}	≥99.999	≥99.996
2	仲氢含量	10^{-2}	≥95.0	≥95.0
3	杂质总含量	10^{-6}	≤10	≤40
4	氧(含氩)含量	10^{-6}	≤1	≤1
5	氮、水和总碳含量	10^{-6}	≤9	≤9
6	水含量	10^{-6}	≤4	≤4
7	氦含量	10^{-6}	—	≤30

注:a—“不含氮”指不含氮原料生产的液氢,不要求检测氦含量。

b—“含氮”指含氮原料生产的液氢,要求检测氦含量。

表 4－4　热处理用氢气技术条件（JB/T 7530—2007）

名称	技术指标(V/V)/%					
	氩含量	氮含量	氢含量	氧含量	总碳含量(以甲烷计)	水含量
氢气	—	≤0.006	≥99.99	≤0.0005	CO≤0.0005 CO_2≤0.0005 CH_4≤0.001	≤0.003

注:1. 液态纯氩、工业氮不规定水分含量。

2. 包含微量惰性气体氦、氩、氖。

表 4－5　氢能汽车用液氢技术指标（GB/T 40045—2021）

项目名称	指标
氢纯度(摩尔分数)/%	≥99.97
仲氢含量(体积分数)/%	≥95
非氢气体总量/(μmol/mol)	≤300
水(H_2O)含量/(μmol/mol)	≤5
总烃(按 CH_4 计)含量/(μmol/mol)	≤2
氧(O_2)含量/(μmol/mol)	≤5
氦(He)含量/(μmol/mol)	≤300
总氮(N_2)和氩(Ar)含量/(μmol/mol)	≤100
二氧化碳(CO_2)含量/(μmol/mol)	≤2
一氧化碳(CO)含量/(μmol/mol)	≤0.2
总硫(按 H_2S 计)含量/(μmol/mol)	≤0.004
甲醛(HCHO)含量/(μmol/mol)	≤0.01
甲酸(HCOOH)含量/(μmol/mol)	≤0.2

续表

项目名称	指标
氨(NH_3)含量/(μmol/mol)	≤0.1
总卤化物(按卤离子计)含量/(μmol/mol)	≤0.05
颗粒物浓度/(mg/kg)	≤1

注:当液氢中含甲烷,且总烃含量大于 2 μmol/mol 时,甲烷、氮气和氩气的总含量不得超过 100 μmol/mol。

表 4-6 发射场用液氢技术指标 (GJB 5405—2005)

序号	项目名称	验收指标		使用指标	
		A 级	B 级	A 级	B 级
1	氢含量/10^{-2}	≥99.999	≥99.996	≥99.997	≥99.995
2	仲氢含量/10^{-2}	≥95.0	≥95.0	—	—
3	可固化的气体杂质总含量/10^{-6}	≤10.0	≤10.0	—	—
4	氧(含氮)含量/10^{-6}	≤1.0	≤1.0	≤2.0	≤2.0
5	氮、水和总碳含量/10^{-6}	≤9.0	≤9.0	—	
6	氮含量/10^{-6}	≤4.0	≤4.0	≤8.0	≤8.0
7	水含量/10^{-6}	≤4.0	≤4.0	≤10.0	≤10.0
8	总碳含量/10^{-6}	≤1.0	≤1.0	≤2.0	≤2.0
9	氦/10^{-6}	—	≤30	—	≤30

注:1. 含量均为体积比。

2. 不含氦原料生产的液氢称为 A 级,含氦原料生产的液氢称为 B 级。

3. 进场验收时,仲氢含量可以免检。

4. 本标准中的"总碳"指甲烷、一氧化碳、二氧化碳三者之和。

5. 液氢推进剂使用前化验时,如果其中氮、总碳含量超过指标,但若氮、水和总碳三者含量总和未超过指标时,亦可认为合格。

表 4-7　工业氢技术指标（GB/T 3634.1—2006）

项目名称	指标		
	优等品	一等品	合格品
氢气(H_2)的体积分数/10^{-2}	≥99.95	≥99.50	≥99.00
氧(O_2)的体积分数/10^{-2}	≤0.01	≤0.20	≤0.40
氮+氩(N_2+Ar)的体积分数/10^{-2}	≤0.04	≤0.30	≤0.60
露点/℃	≤-43	—	—
游离水/(mL/40 L 瓶)	—	无游离水	≤100

注：管道输送以及其他包装形式的合格品工业氢的水分指标由供需双方商定。

表 4-8　纯氢、高纯氢、超纯氢技术指标（GB/T 3634.2—2011）

项目名称	指标		
	纯氢	高纯氢	超纯氢
氢气(H_2)纯度(体积分数)/10^{-2}	≥99.99	≥99.999	≥99.999 9
氧(O_2)含量(体积分数)/10^{-6}	≤5	≤1	≤0.2
氩(Ar)含量(体积分数)/10^{-6}	供需商定	供需商定	
氮(N_2)含量(体积分数)/10^{-6}	≤60	≤5	≤0.4
一氧化碳(CO)含量(体积分数)/10^{-6}	≤5	≤1	≤0.1
二氧化碳(CO_2)含量(体积分数)/10^{-6}	≤5	≤1	≤0.1
甲烷(CH_4)含量(体积分数)/10^{-6}	≤10	≤1	≤0.2
水分(H_2O)含量(体积分数)/10^{-6}	≤10	≤3	≤0.5
杂质总含量(体积分数)/10^{-6}	—	≤10	≤1

4.3 液氢成分的检验分析方法

4.3.1 工业氢的检验分析方法

工业氢的采样方法按 GB/T 6681—2003《气体化工产品采样通则》的规定执行，采样安全按 GB/T 3723—1999《工业用化学产品采样安全通则》的规定执行。

4.3.1.1 氢纯度计算

氢纯度计算公式为

$$\varphi = 100 - (\varphi_1 + \varphi_2) \tag{4-1}$$

式中 φ——氢气的体积分数，10^{-2}；

φ_1——氧的体积分数，10^{-2}；

φ_2——氮+氩（N_2+Ar）的体积分数，10^{-2}。

4.3.1.2 水分量的测定

（1）一等品、合格品游离水的测定

采用倒置法测定。在环境温度下将氢气瓶垂直倒置约 10 min 后，微开瓶阀，让游离水以微小流量流入干燥清洁的容器内，当有氢气喷出时，立刻关闭瓶阀。用量筒计量流出的水，其体积应符合表 4-7 的相应规定。

（2）优等品水含量的测定

优等品水含量按 GB/T 5832.2—2016《气体分析 微量水分的测定 第 2 部分：露点法》进行测定，具体步骤参见 3.3.3 节。

允许采用其他等效的方法测定样气中水分含量。当测定结果有异议时，以 GB/T 5832.2—2016《气体分析 微量水分的测定 第 2 部分：露点法》规定的方法为仲裁方法。

4.3.1.3 氧、氩、氮含量的测定

（1）方法

采用配备脱氧柱和切换阀的热导气相色谱仪实施两次进样，第一次进样后

样品气不通过脱氧柱，测定样品气中氧＋氩含量以及氮的含量，第二次进样后样品气通过脱氧柱，测定样品气中氩的含量。用差减法计算出样品气中氧的含量。

（2）仪器

热导气相色谱仪。要求所采用的气相色谱仪对氢中氧（氩）、氮的检测限（体积分数）不大于 1.0×10^{-6}。仪器安装及调试按仪器说明书进行。图 4－1 给出了气相色谱仪的参考气路流程示意图。

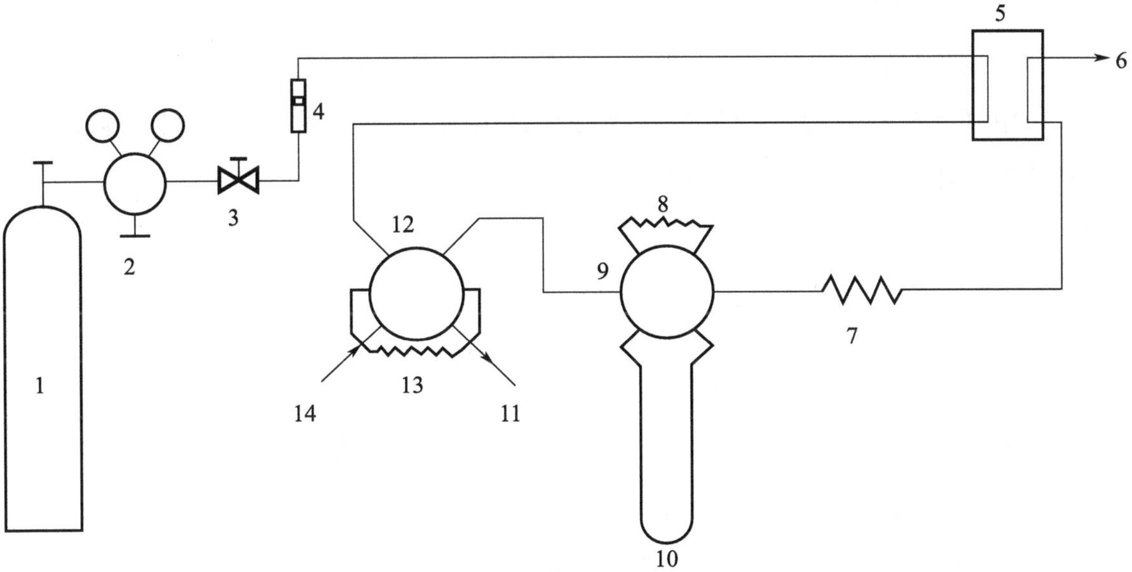

图 4－1　气相色谱仪的参考气路流程

1—载气瓶；2—钢瓶压力调节器；3—调节阀；4—流量计；5—热导检测器；6—载气出口；7—色谱柱；8—气路阻力平衡管或平衡调节阀；9—切换六通阀；10—脱氧柱；11—样品气出口；12—进样六通阀；13—定体积量管；14—样品气入口

（3）测定条件

1）载气：体积分数不低于 99.99×10^{-2} 的氢气，流速约 40 mL/min。

2）色谱柱：长约 2 m、内径 3 mm 的不锈钢管，内装 0.25～0.40 mm 的 13X 分子筛或其他等效色谱柱。色谱柱在 180～220 ℃下通氢气活化约 3 h，流速 60～80 mL/min。色谱柱使用温度为室温。

3）脱氧柱：长约 3 m、内径 3 mm 的不锈钢管，内装 0.4～0.8 mm 的

401 脱氧剂。脱氧剂的使用和活化按其说明书进行。

（4）气体标准样品

采用组分含量与样品气中相应组分含量相近的有证明的气体标准样品，其平衡气为氢气。

（5）测定

仪器稳定后按仪器说明书进行测定操作。平行测定气体标准样品和样品气至少两次，记录峰面积（或峰高），直至相邻两次测定的相对偏差不大于 5×10^{-2}，取其平均值。

（6）结果处理

采用峰面积（或峰高）定量，用外标法计算结果。氧（氩）、氮的体积分数的计算采用外标法，计算公式为

$$\varphi_i=\frac{A_i}{A_s}\times\varphi_s \tag{4-2}$$

式中　φ_i ——样品气中被测组分的体积分数；

A_i ——样品气中被测组分的峰面积或峰高；

A_s ——气体标准样品中相应已知组分的峰面积或峰高；

φ_s ——气体标准样品中相应已知组分的体积分数。

氧＋氩的体积分数减去氩的体积分数即为氧的体积分数。氧、氩和氮的体积分数应符合表 4－7 的相应规定。

允许按 GB/T 6285—2016《气体中微量氧的测定 电化学法》规定的方法测定氧体积分数，该方法测氧体积分数的范围上限扩大至 1×10^{-2}。当两种方法测定的氧含量有异议时，以 GB/T 6285—2016《气体中微量氧的测定 电化学法》规定的方法为仲裁方法。

4.3.1.4　氯的测定

（1）方法和原理

采用溴荧光黄显色法。含有氯的氢气通过装有溴荧光黄指示剂浸渍的棉花塞时，氯与指示剂反应生成四溴荧光素，形成红色着色层，由此测定氯。

(2) 试剂和材料

1) 氢氧化钾 (GB/T 1919—2023《工业氢氧化钾》), 分析纯, 配制成 100 g/L 的溶液;

2) 溴化钾 (GB/T 649—2023《化学试剂 溴化钾》), 分析纯;

3) 碳酸钾 (GB/T 1397—2015《化学试剂 无水碳酸钾》), 分析纯;

4) 蒸馏水;

5) 溴荧光黄指示剂: 称取 30 g 溴化钾和 1 g 碳酸钾溶解于 100 mL 的蒸馏水中, 将 0.1 g 荧光素钠盐溶解于 1 mL、100 g/L 的氢氧化钾溶液中, 把以上两种溶液混合即成;

6) 脱脂棉。

(3) 测定

测定装置如图 4-2 所示。

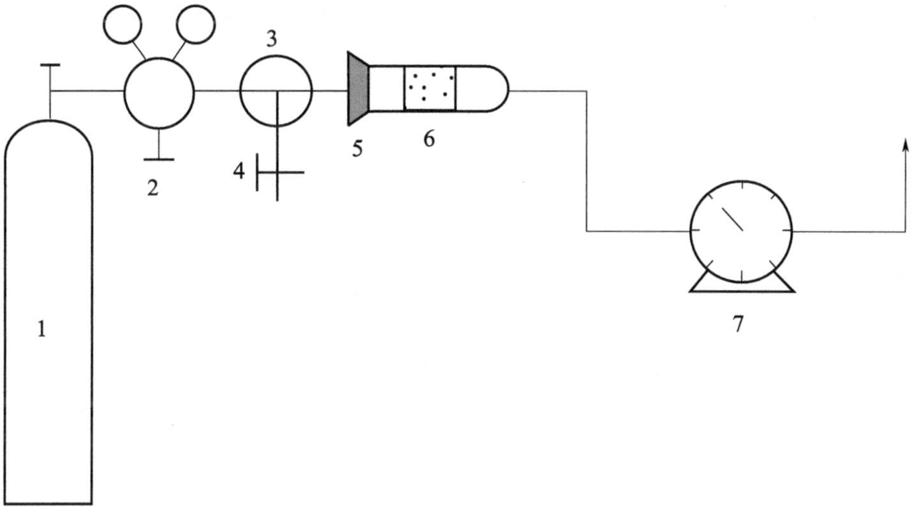

图 4-2 氯、碱测定装置示意图

1—氢气样品气瓶; 2—钢瓶压力调节器; 3—三通活塞; 4—螺旋夹; 5—橡皮塞;
6—取样管 (长约 9 cm, 内径约 2 cm); 7—湿式流量计

在玻璃取样管中塞入 0.15～0.20 g 脱脂棉, 用 20～25 滴溴荧光黄指示剂浸渍后立即接入 (插入橡皮塞中的导管口应距棉花塞 2～5 mm) 测定装置中。开启样品气阀, 调节样品气以约 100 mL/min 的流速通过取样管, 用湿式流量

计计量，使 1 L 样品气通过取样管。如果棉花塞不变红，则氢中氯含量检验合格。

4.3.1.5 碱的测定

（1）方法和原理

采用酚酞显色法。酚酞指示剂在 pH 值为 8.0～10.0 时呈红色。由此显色反应测定氢中的碱。

（2）试剂和材料

1）乙醇［GB/T 679—2002《化学试剂 乙醇（95%）》］，分析纯；

2）氢氧化钠（GB/T 629—1997《化学试剂 氢氧化钠》），分析纯，配制成 4 g/L 溶液；

3）蒸馏水；

4）酚酞指示剂，配制成 10 g/L 乙醇溶液；将 1 g 酚酞溶解于 70～80 mL、50×10^{-2}（体积分数）的乙醇水溶液中，然后用氢氧化钠溶液调至中性，最后用蒸馏水稀释至 100 mL；

5）脱脂棉。

（3）测定

测定装置如图 4-2 所示。

在玻璃取样管中塞入 0.15～0.20g 脱脂棉，用 20～25 滴酚酞指示剂浸渍后立即接入（插入橡皮塞中的导管口应距棉花塞 2～5 mm）测定装置中。开启样品气阀，调节样品气以约 100 mL/min 的流速通过取样管，用湿式流量计计量，使 2 L 样品气通过取样管。如果棉花塞不变红，则氢中碱含量检验合格。

4.3.2 纯氢、高纯氢、超纯氢的检验分析方法

4.3.2.1 氢纯度计算

氢纯度计算公式为

$$\varphi=100-(\varphi_1+\varphi_2+\varphi_3+\varphi_4+\varphi_5+\varphi_6+\varphi_7)\times10^{-4} \qquad (4-3)$$

式中 φ——氢气纯度（体积分数），10^{-2}；

φ_1——氧含量（体积分数），10^{-6}；

φ_2——氩含量（体积分数），10^{-6}；

φ_3——氮含量（体积分数），10^{-6}；

φ_4——一氧化碳含量（体积分数），10^{-6}；

φ_5——二氧化碳含量（体积分数），10^{-6}；

φ_6——甲烷含量（体积分数），10^{-6}；

φ_7——水分含量（体积分数），10^{-6}。

4.3.2.2　氢中氧＋氩、氮、一氧化碳、二氧化碳和甲烷含量的测定

（1）方法

采用氦离子化气相色谱法测定氢中氧＋氩、氮、一氧化碳、二氧化碳和甲烷的含量。

（2）仪器

要求所采用的仪器对待测组分的检测限分别应低于表 4－8 所列相应技术指标的 1/4。推荐采用配备气路切割装置和柱切换装置的氦离子化气相色谱仪。当分析超纯氢时，应配备脱氧装置。图 4－3 给出了参考的配备气路切割、脱氧柱和柱切换装置的氦离子化气相色谱仪的气路流程示意图。

（3）气体标准样品

采用以氢气作平衡气的气体标准样品。标准样品中的组分含量应与被测组分含量相近；当被测组分的含量（体积分数）不大于 1×10^{-6}时，宜采用相应组分含量为 1×10^{-6}～5×10^{-6}的标准样品。

（4）仪器条件

①色谱柱

预分离柱：用于分离氢和其他组分。长 0.6 m、内径 2 mm 的不锈钢管，内装粒度为 0.25～0.40 mm 的 TDX－01。通载气在 180 ℃活化 3 h 后备用。允许采用其他等效预分离柱。

色谱分析柱 1：用于氧（氩）、氮、甲烷的分离。长 2m、内径 2 mm 的不锈钢管，内装粒度为 0.25～0.40 mm 的 5A 分子筛。通载气在 180 ℃活化 3 h 后备用，色谱柱使用温度为 40 ℃。允许采用其他等效色谱柱。

色谱分析柱 2：用于一氧化碳、二氧化碳、甲烷的分离。长 2 m、内径约

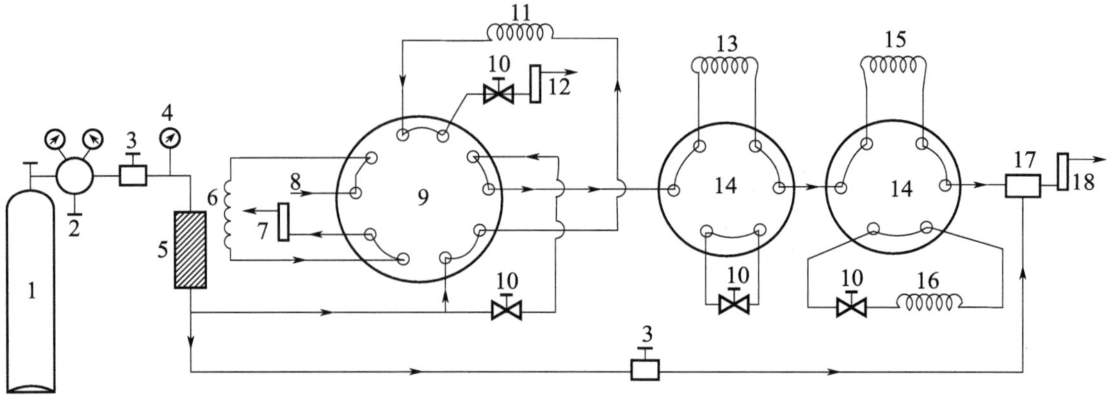

图 4－3　气路流程示意图

1—高纯氦载气钢瓶；2—钢瓶减压器；3—载气稳压阀；4—压力表；5—载气净化器；6—定体积进样管；7—样气流量计；8—样气入口；9—十通阀；10—气路平衡调节阀；11—预分离柱；12—切割路载气流量计；13—脱氧柱；14—六通阀；15—色谱分析柱 1；16—色谱分析柱 2；17—氦离子化检测器；18—检测器路载气流量计

2 mm 的不锈钢管，内装粒度为 0.25～0.40 mm 的活性炭。通载气在 150 ℃活化 2 h 后备用，色谱柱使用温度为 40 ℃。允许采用其他等效色谱柱。

脱氧柱：当需要测定氩组分含量时，可采用脱氧柱脱除样品气中的氧组分。脱氧柱中的脱氧剂应确保能彻底脱除样品气中的氧组分。推荐采用长 1 m、内径约 3 mm 的不锈钢管，内装粒度为 0.25～0.40 mm 的 105 钯催化剂。催化剂在使用前应按生产厂家提供的条件活化处理。

②操作参数

仪器各操作参数按仪器说明书和检测限要求选定。

(5) 测定步骤

1) 按仪器说明书开启仪器，调节各操作参数，至仪器的各参数稳定。

2) 根据分析任务，选定适当的色谱条件。这些条件包括：载气流量，样气流量，控制 1 只十通阀、2 只六通阀运转的时间程序的设置，仪器气路平衡条件的选择等。

3) 将标准样品接入仪器，在充分置换取得代表样后进样。平行测定至少两次，直至相邻两次测定的待测组分的色谱响应值的相对偏差不大于 5%，取其平均值。

4）在与标准样品完全相同的条件下，将待测样品接入仪器，在充分置换取得代表样后进样。平行测定至少两次，直至相邻两次测定的待测组分的色谱响应值的相对偏差不大于 5%，取其平均值。

5）在同样条件下，采用脱除样品气中氧和不脱除样品气中氧的两种测试状态进行测定。

6）完成分析操作后，按说明书的相关要求停机。

（6）结果计算

氢中氧＋氩、氩、氮、一氧化碳、二氧化碳和甲烷含量的计算见GB/T 3634.1—2006《氢气 第 1 部分：工业氢》中 A.1.6 的规定（参见 4.3.1.3 节）。

同一样品不经过脱氧柱测定氧＋氩的含量，通过脱氧柱测定氩含量。用氧＋氩含量减去氩含量得到该样品的氧含量。

4.3.2.3　其他

采用热导气相色谱法测定氢中氧＋氩、氮、甲烷含量；采用火焰离子化法测定氢中一氧化碳、二氧化碳和甲烷的含量。当仪器检测限无法满足分析要求时，可采用变温浓缩进样。

（1）变温浓缩进样原理

采用液氮浴温度浓缩已知体积的样品，在常温下解吸样品，用载气把浓缩后的待测组分带入气相色谱仪的色谱柱，分离后进入检测器进行测定。

（2）变温浓缩进样仪器

采用热导气相色谱仪或氢火焰气相色谱仪，配备液氮浴变温浓缩进样装置。实现成套仪器对氢中待测组分的检测限分别应低于表 4－8 所列相应技术指标的 1/4。图 4－4 给出了变温浓缩进样装置的气路流程示意图。

（3）气体标准样品

推荐采用以氢气作为平衡气的气体标准样品。气体标准样品中组分含量应与样品气浓缩后的相应组分含量相近。标准样品气不经过浓缩直接进样分析。

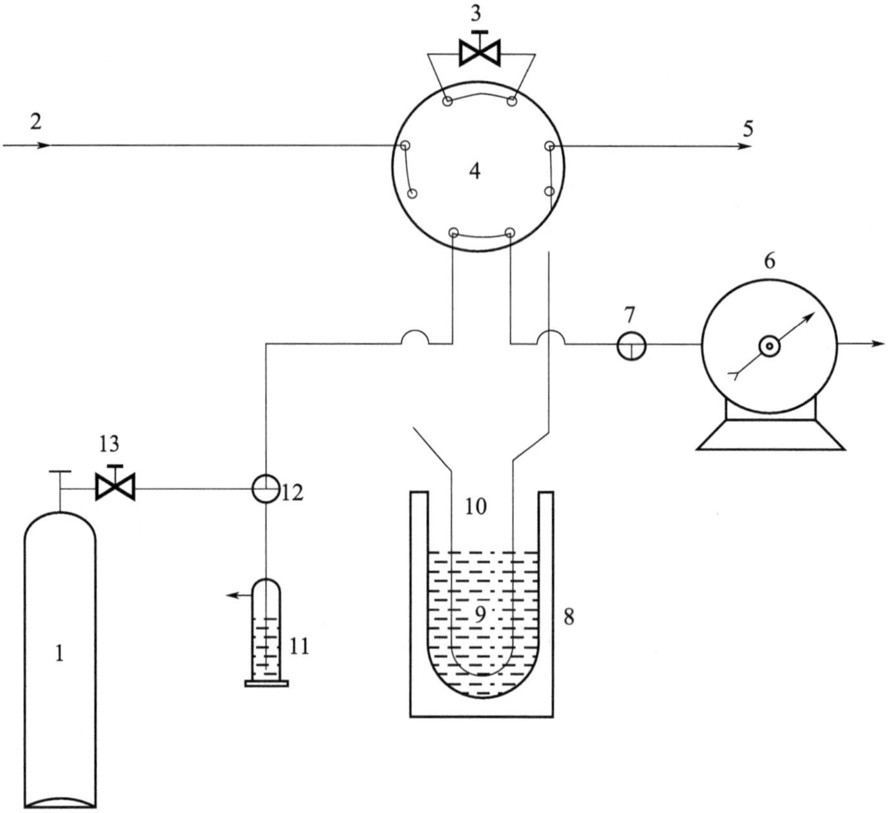

图 4－4　变温浓缩进样流程示意图

1—样气瓶；2—载气入口；3—气路平衡调节阀；4—八通阀；5—载气出口；6—流量计；7—三通阀；8—液氮容器或水容器；9—液氮或水；10—浓缩柱；11—鼓泡器；12—三通阀；13—针形取样阀

（4）测定条件

①载气、辅助气

仪器工作所需载气和辅助气参照相应的仪器说明书。

②浓缩柱

浓缩柱 1：用于浓缩样品中氧＋氟、氯组分。长约 30 cm、内径 4 mm 的不锈钢管，内装粒度为 0.25～0.40 mm 的活性炭；或其他等效浓缩柱。浓缩柱通氢气在 160 ℃活化 4 h 后使用，浓缩温度为液氮温度（液氮浴），脱附温度为室温水浴。

浓缩柱 2：用于浓缩样品中一氧化碳、二氧化碳和甲烷组分。长约 30 cm、内径 4 mm 的不锈钢管，内装粒度为 0.25～0.40 mm 的变色硅胶；或其他等效浓缩柱。浓缩柱通氢气在 160 ℃活化 4 h 后使用，浓缩温度为液氮温度（液氮浴），脱附温度为 80 ℃水浴。

（5）浓缩进样步骤

①气路系统可靠性检查和空白值的测定

把变温浓缩装置接入气相色谱仪气路系统，按仪器说明书开启仪器至稳定。关闭浓缩柱后在浓缩柱上套上液氮浴浓缩约 5 min 后，取下液氮浴，并迅速使浓缩柱处于脱附水浴中，然后将载气通过浓缩柱，记录色谱信号，无色谱信号为正常。否则，应当检查浓缩进样装置气路系统直至无色谱信号。此后使载气通过浓缩柱，注意观察并在严防空气吸入浓缩进样装置的情况下浓缩载气 5 min，测定色谱系统空白值，空白值应低于本部分高纯氢或超纯氢的相应指标。

②取样

选取适当的针形取样阀，把样品气接入浓缩进样系统，充分置换取样管路，使所取样品气具有代表性。

③浓缩

调节样品气以 1.0～1.5 L/min 的流速通过浓缩柱，置换浓缩柱2～3 min 后关闭浓缩柱出口，然后将浓缩柱缓慢套上液氮浴，待垫气结束后打开浓缩柱出口，使样品气流经流量计后放空。样品气的浓缩体积由被测组分含量和仪器的检测限确定。样品气的体积由流量计计量。

④进样

浓缩完毕，关闭浓缩柱入口，取下液氮浴，在室温水浴下放掉解吸的氢，解吸的这部分氢也要流经流量计计量，关闭浓缩柱出口，载气通过浓缩柱把待测组分带入色谱分析柱。

平行测定气体标准样品和样品气至少两次，直至相邻两次测定的待测组分的色谱响应值的相对偏差不大于 10％，取其平均值。

（6）结果计算

采用峰面积（或峰高）定量，用外标法计算结果。用变温浓缩进样法测定

氢中氧＋氩、氮、一氧化碳、二氧化碳和甲烷含量计算公式为

$$\phi_i = \frac{A_i V_s}{A_s V_i} \times \phi_s \tag{4-4}$$

式中　ϕ_i ——样品气中被测组分的含量（体积分数）；

A_i ——样品气中被测组分的峰面积（mm^2）或峰高（mm）；

V_s ——气体标准样品体积，mL；

A_s ——气体标准样品中被测组分的峰面积（mm^2）或峰高（mm）；

V_i ——样品气体积，mL；

ϕ_s ——气体标准样品中相应已知组分的含量（体积分数）。

当以上方法的测定结果有异议时，以氦离子化气相色谱法为仲裁法。

按 GB/T 6285—2016《气体中微量氧的测定 电化学法》的规定测定氢中氧含量。允许采用其他等效方法测定氢中氧含量。当测定结果存在异议时，以 GB/T 6285—2016《气体中微量氧的测定 电化学法》规定的方法为仲裁方法。

4.3.2.3　水分含量的测定

按 GB/T 5832.3—2011《气体中微量水分的测定 第 3 部分：光腔衰荡光谱法》的规定执行（参见 3.3.5 节）。允许采用其他等效的方法测定氢中水分含量，当测定结果有异议时，以 GB/T 5832.3—2011《气体中微量水分的测定 第 3 部分：光腔衰荡光谱法》规定的方法为仲裁方法。

4.3.3　液体火箭发动机用液氢中仲氢和氦含量的化验分析

与工业氢、纯氢、高纯氢、超纯氢成分化验分析项目相比，液体火箭发动机用液氢成分分析中多了仲氢和氦含量的要求（表 4 - 3），需要针对这两种成分进行化验分析。

4.3.3.1　仲氢含量的化验分析

（1）原理

将液氢气化后，采用热导气相色谱法测定，即液氢完全气化后的气体样品经色谱柱分离，再用热导检测器进行测定。

（2）仪器设备

所用的仪器如下：

1）气相色谱仪：带有热导检测器的气相色谱仪，对仲氢的检测限 $\geqslant 30\times10^{-2}$（体积分数）；定量管：1～3 mL；色谱柱：柱长约 3 m，内径约 2 mm，内装 13X 分子筛，或 5A 分子筛，或 NaY 型分子筛。

2）仲氢转化测量装置：转化柱内装 3～4 mL F3 催化转化剂，转化柱前有 3～4 m 的预冷盘管，通过转化柱的氢气流量为 60～80 mL/min；转化点温度可测。转化柱在 100～115 ℃下抽真空老化 6 h。

（3）载气

符合 GB/T 3634.2—2011《氢气 第 2 部分：纯氢、高纯氢和超纯氢》中的高纯氢（表 4-8）的规定。

（4）测定条件

仪器操作参数：按仪器说明书和检测限要求选定。

仲氢转换条件：将通有 60～80 mL/min 氢气的仲氢转化管完全浸泡在液氮中。

（5）测定

仪器稳定后进行测定。平行测定气体标准样品（在液氮温度下经转化管转化后的氢气）和液氢完全气化后的气体样品至少两次，记录峰面积（或峰高）。

（6）仲氢含量计算

仲氢含量计算公式为

$$\varphi_{\mathrm{P-H_2}}=\varphi_0+\frac{\varphi_{\mathrm{L-N_2}}-25.08}{A_{\mathrm{L-N_2}}}\cdot A \qquad (4-5)$$

式中　$\varphi_{\mathrm{P-H_2}}$——液氢中仲氢体积含量，10^{-2}；

φ_0——室温时仲氢的平衡体积含量，10^{-2}；

$\varphi_{\mathrm{L-N_2}}$——液氮温度时仲氢的平衡体积含量，10^{-2}；测定时读取智能仪表上显示的温度值，通过查阅温度-仲氢含量曲线获得 $\varphi_{\mathrm{L-N_2}}$；

$A_{\mathrm{L-N_2}}$——液氮温度下经转化后的氢中实测的仲氢色谱峰峰面积或峰高；

A——试样中实测的仲氢色谱峰峰面积或峰高；

此外，25 ℃时仲氢的平衡体积含量为 25.08×10^{-2}。

取两次平行测定值的算术平均值为测定结果，平行测定的相对误差≤10%。

4.3.3.2 氦含量的化验分析

（1）原理

将液氢气化后，采用热导气相色谱法测定。

（2）仪器设备

仪器设备为带有热导检测器的气相色谱仪，对氦的检测限不低于 1×10^{-6}（V/V）：

1）定量管：3～5 mL。

2）色谱柱：柱长约 2 m，内径约 2 mm，内装钯固定相。制作过程：称取 2 g 氯化钯溶于 2 mL 浓盐酸，加入 100 mL 水，煮沸，倒入装有 10 g 三氧化二铝（60～80 目）的烧杯中，摇动烧杯至棕红色消失，静置 3 h，倒掉上层液体，在 120 ℃下烘 6h，装柱，给色谱柱通氮气 10 min，然后在 300 ℃条件下通氢气老化 6～8 h。

（3）载气及标准物质

载气：符合 GB/T 8979—2008《纯氮、高纯氮和超纯氮》中高纯氮或 GB/T 17873—2014《纯氖和高纯氖》中高纯氖的规定；

气体标准物质：氢中 20×10^{-6}～30×10^{-6}（体积分数）的氦。

（4）测定条件

仪器各操作参数按仪器说明书和检测限要求选定。

（5）测定

仪器稳定后进行测定操作。平行测定气体标准物质和气体样品至少两次，记录峰面积（或峰高）。

（6）氦含量的计算

采用峰面积或峰高定量，用外标法计算结果。氦含量计算公式为

$$\varphi_{He}=\frac{A_{He}}{A_s}\times\varphi_s \tag{4-6}$$

式中 A_{He}——样品气中氦组分的峰面积或峰高；

A_s ——气体标准物质中氦组分的峰面积或峰高；

φ_s ——气体标准物质中氦组分的含量（体积分数），10^{-6}。

取两次平行测定值的算术平均值为测定结果，平行测定的相对偏差≤10％。

参 考 文 献

[1] ГОСТ Р 56248—2014. ВОДОРОД ЖИДКИЙ Технические условия [S].

[2] GB/T 3634.1—2006 氢气 第1部分 工业氢 [S].

[3] GB/T 3634.2—2011 氢气 第2部分 纯氢、高纯氢和超纯氢 [S].

[4] GJB 5405—2005 液氢安全应用准则 [S].

[5] JB/T 7530—2007 热处理用氩气、氮气、氢气一般技术条件 [S].

[6] GB/T 40045—2021 氢能汽车用燃料 液氢 [S].

[7] GJB 71A—2019 液体火箭发动机用液氢规范 [S].

第 5 章　液态甲烷/液化天然气的检验分析

5.1　液态甲烷/液化天然气的物理化学性质

5.1.1　液态甲烷/液化天然气的物理性质

液化天然气（Liquefied Natural Gas，LNG）是将天然气经过脱水、脱重烃、脱酸性气体等净化处理后，采用节流、膨胀或外加冷源制冷工艺，在常压和－162 ℃条件下液化而成。液化天然气无色、无味、无毒、无腐蚀性，体积约是常压下气态天然气体积的 1/600。液化天然气是优质的工业和民用燃料，十分有利于输送和储存。

液化天然气的物理性质：主要成分为甲烷（表 5－1）；临界温度为 190.58 K；在常温下，不能通过加压将其液化，而是经过预处理，脱除重烃、硫化物、二氧化碳和水等杂质后，深冷到－162 ℃，实现液化。

表 5－1　典型的液化天然气组成

常压沸点下的性质	组成 1	组成 2	组成 3
N_2(摩尔分数)/%	0.5	1.79	0.36
CH_4(摩尔分数)/%	97.5	93.9	87.20
C_2H_6(摩尔分数)/%	1.8	3.26	8.61

续表

常压沸点下的性质	组成 1	组成 2	组成 3
C_3H_8(摩尔分数)/%	0.2	0.69	2.74
I — C_4H_{10}(摩尔分数)/%	—	0.12	0.42
N — C_4H_{10}(摩尔分数)/%	—	0.15	0.65
C_5H_{12}(摩尔分数)/%	—	0.09	0.02
摩尔质量/(kg/mol)	16.41	17.07	18.52
沸点温度/℃	−162.6	−165.3	−161.3
密度/(kg/m^3)	431.6	448.8	468.7

5.1.2　液态甲烷/液化天然气的化学性质

液态甲烷/液化天然气主要成分的化学性质如表 5－2 所示。

5.2　液态甲烷/液化天然气质量相关的标准规范

当前，天然气/液化天然气主要用于工业燃料，少量用作发动机推进剂，涉及技术指标的标准规范主要为国家标准和行业标准（表 5－3）。天然气/液化天然气质量要求涉及一般要求（表 5－4）、车用压缩天然气技术指标（表 5－5）、高纯甲烷技术指标（表 5－6）、推进剂级液态甲烷技术指标（表 5－7）。

表 5－2　液态甲烷/液化天然气主要成分的化学性质

名称	分子式	临界温度/K	临界压力/MPa	高热值/(MJ/m^3)	高热值/(MJ/kg)	低热值/(MJ/m^3)	低热值/(MJ/kg)	爆炸极限(体积分数)/%		绝热指数/K	导热系数/[W/(m·K)]	偏心因子
								上限	下限			
甲烷	CH_4	190.58	4.544	39.842		35.906		5.0	5.0	1.309	0.030 24	0.010 4
乙烷	C_2H_6	305.42	4.816	70.351	55.367	64.397	50.05	29	3.0	1.198	0.018 61	0.098 6
丙烷	C_3H_8	369.82	4.194	101.266	51.908	93.240	47.515	2.1	9.5	1.161	0.015 12	0.152 4
正丁烷	C_4H_{10}	425.18	3.747	133.886	50.376	123.649	46.383	15	8.5	1.144	0.013 49	0.201 0
异丁烷	C_4H_{10}	408.14	3.600	133.048	49.532	122.853	45.745	18	8.5	1.144	—	0.184 8
正戊烷	C_5H_{12}	46.965	3.325	169.377	49.438	156.733	45.65	14	8.3	1 121	—	0.253 9
氢	H	33.25	1.280	12.745	49.042	10.786	45.381	4.0	75.9	1.407	0.216 3	0
氧	O	154.33	4.971	—	141.926	—	120.111	—	—	1 400	0.025 0	0.021 3
氮	N	125.97	3.349	—	—	—	—	—	—	1.402	0.024 89	0.04
二氧化碳	CO_2	304.25	7.290	—	—	—	—	—	—	1.304	0.013 72	0.225

续表

名称	分子式	临界温度/K	临界压力/MPa	高热值/(MJ/m^3)	高热值/(MJ/kg)	低热值/(MJ/m^3)	低热值/(MJ/kg)	爆炸极限(体积分数)/%		绝热指数/K	导热系数/[W/(m·K)]	偏心因子
								上限	下限			
硫化氢	H_2S	373.55	8.890	25.364	—	23.383	—	4.3	45.5	1.320	0.013 14	0.100
空气	—	1 324	3.725	—	16.488	—	15.192	—	—	1.401	0.024 89	—
水蒸气	H_2O	647.00	21.830	—	—	—	—	—	—	1.335	0.016 17	0.348 0

表 5－3　天然气/液化天然气技术指标的相关标准规范

序号	标准代号	标准名称
1	GB 17820—2018	天然气
2	GB 18047—2017	车用压缩天然气
3	GB/T 33102—2016	纯甲烷和高纯甲烷
4	Q/QJA 383—2016	推进剂级液态甲烷规范

表 5－4　天然气一般要求

项目	一类	二类
高位发热量/(MJ/m^3)	≥34.0	≥31.4
总硫(以硫计)/(mg/m^3)	≤20	≤100
硫化氢/(mg/m^3)	≤6	≤20
二氧化碳(摩尔分数)/%	≤3.0	≤4.0

注:本标准中使用的标准参比条件是 101.325 kPa,20 ℃。高位发热量以干基计。

表 5－5　车用压缩天然气技术指标

项目	技术指标
高位发热量/(MJ/m^3)	≥31.4
总硫(以硫计)/(mg/m^3)	≤100
硫化氢/(mg/m^3)	≤15
二氧化碳(摩尔分数)/%	≤3.0

续表

项目	技术指标
氧气(摩尔分数)/%	≤0.5
水/(mg/m^3)	在汽车驾驶的特定地理区域内，在压力不大于 25 MPa 和环境温度不低于−13 ℃的条件下，水的质量浓度应不大于 30 mg/m^3
水露点/℃	在汽车驾驶的特定地理区域内，在压力不大于 25 MPa 和环境温度低于− 13 ℃的条件下，水露点应比最低环境温度低 5 ℃

注：本标准中气体体积的标准参比条件是 101.325 kPa，20 ℃。

表 5－6　高纯甲烷技术指标

项目	指标			
	纯甲烷		高纯甲烷	
甲烷(CH_4)纯度(体积分数)/10^{-2}	≥99.99	≥99.9	≥99.999	≥99.995
乙烷(C_2H_6)含量(体积分数)/10^{-6}	<25	<600	<4	<15
[氧气(O_2)+氩气(Ar)]含量(体积分数)/10^{-6}	<10	<50	<1	<5
氮气(N_2)含量(体积分数)/10^{-6}	<35	<250	<4	<15
氢气(H_2)含量(体积分数)/10^{-6}	<10	<50	<0.5	<5
硫化氢(H_2S)含量(体积分数)/10^{-6}	—	—	<0.1	—
二氧化碳(CO_2)含量(体积分数)/10^{-6}	—	—	<0.5	—
水分(H_2O)含量(体积分数)/10^{-6}	<15	<50	<3	<5
杂质总含量(体积分数)/10^{-6}	—	—	10	—

表 5－7　推进剂级液态甲烷技术指标

序号	项目名称	技术指标			
		Ⅰ级	Ⅱ级	Ⅲ级	Ⅳ级
1	甲烷的体积分数/%	≥95.0	≥97.5	≥98.7	≥99.9
2	水的体积分数/10^{-6}	≤1	≤1	≤1	≤0.5
3	氧的体积分数/10^{-6}	≤50	≤50	≤1	≤1
4	氮的体积分数/10^{-6}	≤7 000	≤5 000	≤5 000	≤100
5	二氧化碳的体积分数/10^{-6}	≤125	≤125	≤125	≤50
6	其他气体杂质(氢、氦等)的体积分数/10^{-6}	≤5 000	≤5 000	≤5 000	≤125
7	乙烷的体积分数/10^{-6}	≤35 000	≤18 000	≤5 000	≤500
8	丙烷的体积分数/10^{-6}	≤6 000	≤3 500	≤3 000	≤500
9	其他挥发性烃的体积分数/10^{-6}	提供检测数据		≤1	≤1
10	总硫的体积分数/10^{-6}	≤1	≤1	≤1	≤0.1
11	非挥发性残渣和颗粒物/(mg/L)	≤10	≤10	≤10	≤1
12	密度(泡点温度)/(kg/m^3)	提供检测或计算数据			

5.3　液态甲烷/液化天然气成分的检验分析方法

5.3.1　天然气成分检验分析的标准规范

天然气/液化天然气成分的检验分析涉及的标准规范如表 5-8 所示。

表 5-8　天然气/液化天然气成分的检验分析的标准规范

序号	标准代号	标准名称
1	GB/T 11060.1—2023	天然气 含硫化合物的测定 第 1 部分:用碘量法测定硫化氢含量
2	GB/T 11060.2—2023	天然气 含硫化合物的测定 第 2 部分:用亚甲蓝法测定硫化氢含量
3	GB/T 11060.3—2018	天然气 含硫化合物的测定 第 3 部分:用乙酸铅反应速率双光路检测法测定硫化氢含量
4	GB/T 11060.4—2017	天然气 含硫化合物的测定 第 4 部分:用氧化微库仑法测定总硫含量
5	GB/T 11060.5—2010	天然气 含硫化合物的测定 第 5 部分:用氢解-速率计比色法测定总硫含量
6	GB/T 11060.8—2020	天然气 含硫化合物的测定 第 8 部分:用紫外荧光光度法测定总硫含量
7	GB/T 13609—2017	天然气取样导则
8	GB/T 13610—2020	天然气的组成分析 气相色谱法
9	GB/T 17283—2014	天然气水露点的测定 冷却镜面凝析湿度计法
10	GB/T 18619.1—2002	天然气中水含量的测定 卡尔费休-库仑法
11	GB/T 21069—2007	天然气高压下水含量的测定
12	GB/T 27894.3—2023	天然气 用气相色谱法测定组成和计算相关不确定度 第 3 部分:精密度和偏差

续表

序号	标准代号	标准名称
13	GB/T 27894.4—2012	天然气 在一定不确定度下用气相色谱法测定组成 第 4 部分:实验室和在线测量系统中用两根色谱柱测定氮、二氧化碳和 C1 至 C5 及 C6+的烃类
14	GB/T 27894.5—2012	天然气 在一定不确定度下用气相色谱法测定组成 第 5 部分:实验室和在线工艺系统中用三根色谱柱测定氮、二氧化碳和 C1 至 C5 及 C6+的烃类
15	GB/T 27894.6	天然气 在一定不确定度下用气相色谱法测定组成 第 6 部分:用三根毛细管色谱柱测定氢、氦、氧、氮、二氧化碳和 C1 至 C8 的烃类
16	GB/T 27896—2018	天然气中水含量的测定 电子分析法

5.3.2　气相色谱法分析天然气成分

5.3.2.1　方法提要

具有代表性的气样和已知组成的标准混合气（以下简称“标准气”），在同样的操作条件下，用气相色谱法进行分离。样品中许多重尾组分可以在某个时间通过改变流过柱子载气的方向，获得一组不规则的峰，这组重尾组分可以是 C_5 和更重组分、C_6 和更重组分或者 C_7 和更重组分。由标准气的组成值，通过对比峰高、峰面积或者两者均对比，计算获得样品的相应组成。

5.3.2.2　试剂与材料

（1）载气

1）氦气或氢气，纯度不低于 99.99%；

2）氮气或氩气，纯度不低于 99.99%。

（2）标准气

分析需要的标准气可采用国家二级标准物质，或按 GB/T 5274 制备。在氧和氮组分分析中，稀释的干空气是一种适用的标准物。

标准气的所有组分应处于均匀的气态。对于样品中的被测组分，标准气中相应组分的浓度应不低于样品中组分浓度的一半，且不大于该组分浓度的两倍。标准气中组分的最低浓度应大于 0.05%。

5.3.2.3 仪器与设备

（1）检测器

选用热导检测器，或在灵敏度和稳定性方面与之相当的检测器。要求对于正丁烷摩尔分数为 1%的气样，进样 0.25 mL，至少应产生 0.5 mV 的信号。

（2）记录系统

①记录仪

记录仪满标量程为 1～5 mV，记录纸宽不小于 150 mm，记录笔的最大响应时间小于或等于 2 s。如果人工测量色谱峰，纸速可快至 100 mm/min。

②电子积分仪或微机处理机

能检测色谱分离并记录响应值。

（3）衰减器

如果人工测量色谱峰，应使用衰减器，以使检测器输出信号的最大峰值保持在记录仪的纸宽范围内，衰减档之间的误差应小于 0.5%。

（4）进样系统

应选用对气样中的组分呈惰性和无吸附性的材料制成，应优先选用不锈钢。进样系统应配备带定量管的进样阀，定量管体积为 0.25～2 mL，内径为 2 mm。如果内径小于 2 mm，定量管应带加热器。对于在真空下的进样，可选用图 5－1 所示的管线排列。

（5）柱温控制

恒温操作时，柱温保持恒定，其变化应在 0.3 ℃以内；程序升温时，柱温不应超过柱中填充物推荐的温度限额。

（6）检测器温度控制

在分析的全过程中，检测器温度应高于或等于最高柱温，并保持恒定，其变化应在 0.3 ℃以内。

（7）载气控制

在分析的全过程中，载气流量保持固定，其变化应在 1%以内。

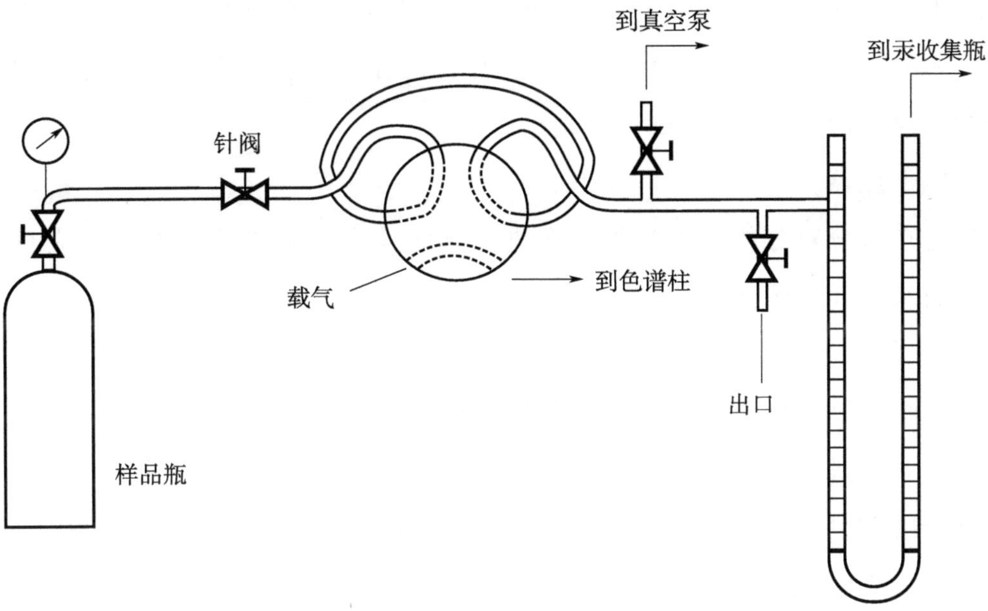

图 5-1　用于真空下进样排列

（8）色谱柱

①一般要求

色谱柱的材料对气样中的组分应呈惰性和无吸附性，应优先选用不锈钢管。柱内填充物对被检测组分的分离应能达到规定的要求。

②吸附柱

应能完全分离氧、氮和甲烷，分离度 R 应大于或等于 1.5，分离度计算公式为

$$R = 2(t_2 - t_1)/(W_2 + W_1) \tag{5-1}$$

式中　t_1——在相邻的两个峰中，第 1 个色谱峰的绝对保留时间，s；

t_2——第 2 个色谱峰的绝对保留时间，s；

W_1——第 1 个色谱峰的峰宽，s；

W_2——相邻的第 2 个色谱峰的峰宽，s。

③分配柱

应能分离二氧化碳和乙烷到戊烷之间的各组分。在丙烷之前的组分，峰返回基线的程度应在满标量的 2%以内。二氧化碳的分离度 R 应大于或等于 1.5。

要求对于二氧化碳摩尔分数为0.1%的气样，进样0.25 mL时要求能产生一个清晰可测的峰。整个分离过程（包括正戊烷之后，通过反吹获得的己烷和更重组分的一组响应）应在40 min内完成。

(9) 干燥器

除已知水分对分析不干扰外，在进样阀前应配备干燥器。干燥器应只脱除气样中的水分而不脱除待测组分。

(10) 阀

使用阀或试样分流器，或二者兼用，用于反吹或切换。

(11) 压力计

可采用U型压力计或精确计量且易读的其他压力计，测量范围是－100～＋120 kPa或更大范围。如果采用U型水银压力计，应按有关安全规格执行。

(12) 真空泵

真空泵的真空度应达到绝对压力为130 Pa或更低。

5.3.2.4 操作步骤

(1) 仪器的准备

按照分析要求，安装好色谱柱。调整操作条件，并使仪器稳定。

(2) 线性检查

①概述

对于摩尔分数大于5%的任何组分，应获得其线性数据。在宽浓度范围内，色谱检测器并非真正的线性，应在与被测样品浓度接近的范围内，建立其线性。

对于摩尔分数不大于5%的组分，可用2～3个标准气，在大气压下，用进样阀进样，获得组分浓度与响应的数据。

对于摩尔分数大于5%的组分，可用纯组分或一定浓度的混合气，在一系列不同的真空压力下，用进样阀进样，获得组分浓度与响应的数据。

将线性检查获得的数据制作成表格，并以此来评价检测器的线性。

②线性检查步骤

1）将纯组分气源和样品进样系统连接。抽空样品进样系统，观察 U 型压力计是否泄漏。样品进样系统应处于真空状态并且密封。小心打开针阀，让纯组分气体进入该系统并且使绝对压力达到 13 kPa。

2）准确记录分压，打开样品阀，将样品注入色谱柱，记录纯组分的峰面积。

3）重复步骤 1）和步骤 2），让压力计读数分别为 26 kPa、39 kPa、52 kPa、65 kPa、78 kPa 和 91 kPa，记录相应压力下每一次样品分析获得的色谱峰的面积。

③线性检查的注意事项

在大气压下，氮气、甲烷和乙烷的可压缩性小于 1%。天然气中的其他组分在低于大气压下，仍具有明显的可压缩性。

对于蒸气压小于 100 kPa 的组分，由于没有足够的蒸气压，不应使用纯气体来检测其线性。对于这类组分，可用氮气或甲烷与之混合，由此获得其分压，并使总压达到 100 kPa。天然气中常见组分在 38 ℃下的饱和蒸气压如表 5-9 所示。

表 5-9　天然气中各组分在 38 ℃时的蒸气压

组分	绝对压力/kPa
氮 N_2	>34 500
甲烷 CH_4	>34 500
二氧化碳 CO_2	>5 520
乙烷 C_2H_6	>5 520
硫化氢 H_2S	2 720
丙烷 C_3H_8	1 300

续表

组分	绝对压力/kPa
异丁烷 iC_4H_{10}	501
正丁烷 nC_4H_{10}	356
异戊烷 iC_5H_{12}	141
正戊烷 nC_5H_{12}	108
正己烷 nC_6H_{14}	34.2
正庚烷 nC_7H_{16}	11.2

可采用一个含有各种待测组分的标准气，通过在不同的压力下，分别进样的方法来进行线性检查。

(3) 仪器重复性检查

当仪器稳定后，两次或两次以上连续通入标准气检查，每个组分响应值相差应在1%以内。在操作条件不变的前提下，无论是连续两次进样，还是最后一次与以前某一次进样，只要它们每个组分相差在1%以内，都可作为随后气样分析的标准，推荐每天进行校正操作。

(4) 气样的准备

如果需要脱除硫化氢，有两种方法可供使用。

在实验室，样品应在比取样时气源温度高10～25 ℃的温度下达到平衡。温度越高，平衡所需时间就越短（300 mL或更小的样品容器，约需2 h）。本方法假定在现场取样时已经脱除了夹带在气体中的液体。

如果气源温度高于实验室温度，那么气样在进入色谱仪之前需预先加热。如果已知气样的烃露点低于环境最低温度，就不需加热。

(5) 进样

①一般要求

为了获得检测器对各组分，尤其是对甲烷的线性响应，进样量不应超过

0.5 mL。除了微量组分，使用这样的进样量，都能获得足够的精密度。测定摩尔分数不高于 5%的组分时，进样量允许增加到 5 mL。

样品瓶到仪器进样口之间的连接管线应选用不锈钢或聚四氟乙烯管，不得使用铜、聚乙烯、聚氯乙烯或橡胶管。

②吹扫法

打开样品瓶的出口阀，用气样吹扫包括定量管在内的进样系统。对于每台仪器应确定和验证所需的吹扫量。定量管进样压力应接近大气压，关闭样品瓶阀，使定量管中的气样压力稳定。然后立即将定量管中气样导入色谱柱中，以避免渗入污染物。

③封液置换法

如果气样是用封液置换法获得，那么可用封液置换瓶中气样吹扫包括定量管在内的进样系统。某些组分（如二氧化碳、硫化氢、己烷和更重组分）可能被水或其他封液部分或全部脱除，当精密测定时，不得采用封液置换法。

④真空法

将进样系统抽空，使绝对压力低于 100 Pa，将与真空系统相连的阀关闭，然后仔细地将气样从样品瓶充入定量管至所要求的压力，随后将气样导入色谱柱。

（6）分离乙烷和更重组分、二氧化碳的分配柱操作

使用氦气或氢气作载气，选择合适的进样量进栏，并在适当时候反吹重组分。按同样方法获得标准气相应的响应。如果此色谱仪能将甲烷与氮和氧分离，那么也可用此柱来测定甲烷，但进样量不得超过 0.5 mL。

（7）分离氧、氮和甲烷的吸附柱操作

使用氦气或氢气作载气，对于甲烷的测定，进样量不得超过 0.5 mL，进样获得气样中氧、氮和甲烷的响应。按同样方法获得氮和甲烷标准气的响应。如有必要，导入在一定真空压力下并且压力被精确测量的干空气或经氦气稀释的干空气，获得氧和氮的响应。

氧含量约为 1%的混合物可按以下方法制备，将一个常压干空气气瓶用氦气充压到 2 MPa，此压力不需精确测量。因为此混合物中的氮应通过和标准气

中的氮比较来确定。此混合物氮的摩尔分数乘以 0.268，就是氧的摩尔分数，或者乘以 0.280 就是氧加氩的摩尔分数，几天前制备的氧标准气是不可靠的。由于氧的响应因子相对稳定，因此氧允许使用响应因子。

（8）分离氦气和氢气的吸附柱操作

使用氮气或氩气作载气，进样 1～5 mL。记录氦和氢的响应，按同样方法获得合适浓度氦和氢标准气相应的响应。

（9）常见误差和预防措施

①已烷和更重组分含量变化

在天然气中，已烷和更重组分在处理和进样时易变化，从而使分析值出现严重偏差，偏高或偏低。在许多情况下进样系统的吹扫过程中，由于重组分在定量管中聚集，从而发生浓缩。如果在进样系统发生油膜积累或气样中重组分含量越高，这类问题也就越严重。当气样中已烷和更重组分含量大于戊烷含量时，不能把具有表面效应的小直径管用在进样系统。

应准备一个含有已烷和更重组分的气样，定期在仪器上检查已烷和更重组分的重复性。当发现这些重组分的峰增大时，可采用以下措施使这类污染降到最小，如用惰性气体吹扫、加热、使用真空系统或用丙酮清洗定量管。

②酸气含量的变化

气样中二氧化碳和硫化氢的含量在取样和处理的过程中易变化。由于水选择吸收酸气，所以需使用干燥的样品瓶、接头和导管。

③气样的露点

气样中产生凝析物会使气样不具代表性。所有气样应保持在露点之上。如果气样被冷却到露点以下，使用前需在高于露点 10 ℃或更高温度下加热几小时。如果露点是未知的，应把气样加热到取样温度。

④进样系统

为便于吹扫，进样系统的连接管线应尽可能短，干燥器也应尽可能小。

⑤进样量的重复性

1）进样定量管出口压力的改变会影响进样量的重复性。

2）气样和标准气中的相应组分应在相同的载气流动方向进行测定。

3）进样系统前连接的干燥器应处于良好的工作状态。

4）色谱柱应处于洁净状态。这样，载气无论在正反方向流动，基线均迅速达到平稳。

5）转动反吹阀时，在柱子的末端引起压力反向从而干扰载气流，载气应迅速恢复到原来的流量，基线应恢复到原有的水平。否则，可能由于系统中载气泄漏，流量调节器发生故障，或气路不平衡。

⑥标准气

标准气应在 15 ℃或高于露点的温度下保存。如果标准气在低温下放置，使用前，气瓶应加热几小时。如果对异戊烷和正戊烷的含量有怀疑，应用纯组分检查。

⑦测量

基线和峰的顶部应清晰，以便测量峰高。峰面积应用同一种方法测量，测量时可用面积仪、几何作图或其他方法，但不同方法不得混杂使用。

⑧其他

1）载气中的水汽干扰测定，可在仪器载气入口装一根长 1 m，直径 6 mm，填有 30～60 目分子筛的管子。

2）定期用肥皂水或检漏液对载气流动系统进行检漏。

3）如果衰减器出现接触不良，应清洗。

4）如果出现平头峰或小峰被隐含的情况，可能是记录仪的量程或增益使用不当，调节后仍不能纠正，则需检查记录仪的电气部分。

5.3.2.5　计算

（1）数据取舍

每个组分浓度的有效数字应按量器的精密度和标准气的有效数字取舍。气样中任何组分浓度的有效数字位数，不应多于标准气中相应组分浓度的有效数字位数。

（2）外标法

①戊烷和更轻组分

测量每个组分的峰高或峰面积，将气样和标准气中相应组分的响应换算到

同一衰减，气样中 i 组分的浓度 y_i 计算公式为

$$y_i = y_{si}(H_i/H_{si}) \tag{5-2}$$

式中　y_{si} ——标准气中 i 组分的摩尔分数，%；

H_i ——气样中 i 组分的峰高或峰面积；

H_{si} ——标准气中 i 组分的峰高或峰面积，H_i 和 H_{si} 用相同的单位表示。

如果是在一定真空压力下导入空气作氧或氮的标准气，按式（5－3）进行压力修正：

$$y_i = y_{si}(H_i/H_{si})(p_a/p_b) \tag{5-3}$$

式中　p_a ——空气进样时的绝对压力，kPa；

p_b ——空气进样时，实际的大气压力 kPa。

②己烷和更重组分

测量反吹的己烷、庚烷及更重组分的峰面积，并在同一色谱图上测量正戊烷、异戊烷的峰面积，将所有的测量峰面积换算到同一衰减，气样中己烷（C_6）和庚烷加（C_7＋）的浓度计算公式为

$$y(C_n) = \frac{y(C_5)A(C_n)M(C_5)}{A(C_5)M(C_n)} \tag{5-4}$$

式中　$y(C_n)$ ——气样中碳数为 n 的组分的摩尔分数，%；

y（C_5）——气样中异戊烷与正戊烷摩尔分数之和，%；

$A(C_n)$ ——气样中碳数为 n 的组分的峰面积；

A（C_5）——气样中异戊烷和正戊烷的峰面积之和，A（C_n）和 $A(C_5)$ 用相同的单位表示；

M（C_5）——戊烷的相对分子质量，取值为 72；

$M(C_n)$ ——碳数为 n 的组分的相对分子质量，对于 C_6，取值为 86，对于 C_7＋，取平均相对分子质量。

如果异戊烷和正戊烷的浓度已通过较小的进样量单独进行了测定，那么就不需重新测定。

（3）归一化

将每个组分的原始含量值乘以 100，再除以所有组分原始含量值的总和，即为每个组分归一的摩尔分数，所有组分原始含量值的总和与 100％的差值不应超过 1.0％。

5.3.2.6　精密度

（1）重复性

由同一操作人员使用同一仪器，对同一气样重复分析获得的结果，如果连续两个测定结果的差值超过了表 5－10 规定的数值，应视为可疑。

表 5－10　精密度

组分浓度范围 y/％	重复性	再现性
0～0.09	0.01	0.02
0.1～0.9	0.04	0.07
1.0～4.9	0.07	0.10
5.0～10	0.08	0.12
＞10	0.20	0.30

（2）再现性

对同一气样由两个实验室提供的分析结果，如果差值超过了表 5－10 规定的数值，每个实验室的结果都应视为可疑。

5.3.2.7　补充方法

（1）分析丙烷和更重组分

1）使用分离丙烷、异丁烷、正丁烷、异戊烷、正戊烷、己烷及更重组分的色谱柱进行测定，此测定不考虑乙烷和更轻组分的分离。

2）使用一根长 5 m 的 BMEE［双－2－（2－甲氧基乙氧基）乙基醚］色谱柱，柱温 30 ℃，或合适长度的其他分配柱。用 5 min 分离丙烷到正戊烷之间的各组分，进样 1～5 mL，在正戊烷分离后反吹。按同样方法获得标准气相应的响应，用与全分析相同的方法进行计算。

（2）分析乙烷和更重组分

1）可用单独的一根分配柱，进样 1～5 mL，测定乙烷和更重组分。

2）进样后，在正戊烷分离后反吹，按同样方法获得标准气相应的响应，用与全分析相同的方法进行乙烷和更重组分含量的计算。甲烷和更轻组分的总含量，可用 100%与已测定组分含量总和之差来表示。

（3）分析己烷和更重组分

1）可用一根短的分配柱单独分离己烷和更重组分，以获得反吹馏分更详细的组成分类资料，这些资料提供定性数据，用于计算这些馏分的物理性质，如计算平均相对分子质量。

2）图 5-2 是一根长 2 m 的 BMEE 柱用 20 min 分离组分的色谱图。测定时，进样 5 mL，在正庚烷分离后反吹。将正戊烷之后分离的所有峰的含量进行归一化，每个峰的相对含量 x_i 计算公式为

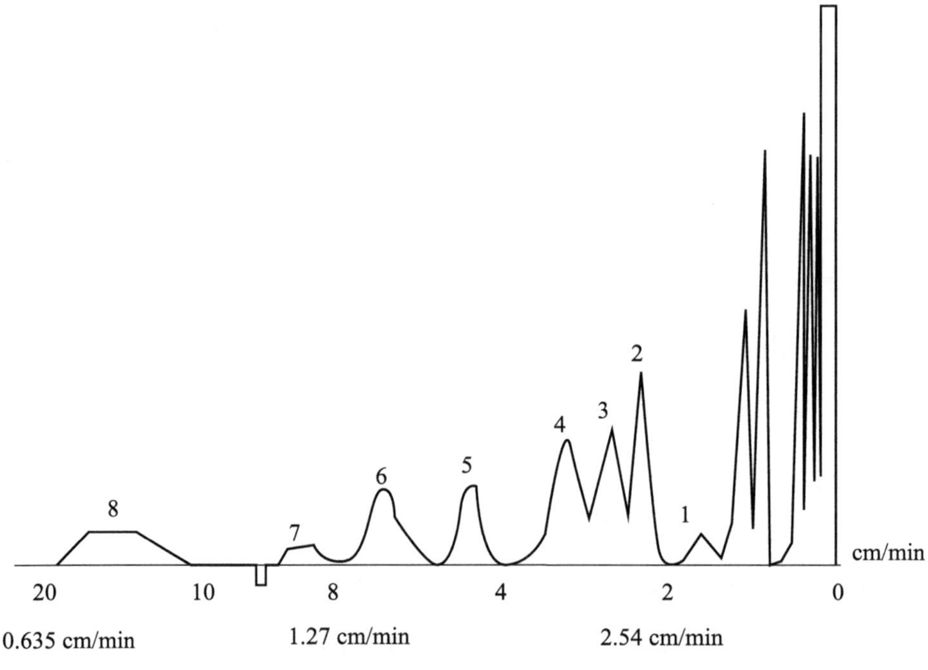

图 5-2　己烷和更重组分的典型色谱图

1—2，2 二甲基丁烷；2—2-甲基戊烷和 2，3-二甲基丁烷；3 — 3-甲基戊烷；4—正己烷；5—甲基环戊烷；6—环己烷，3-甲基己烷，2-甲基己烷；7—正庚烷；8—辛烷及更重组分

$$x_i = \frac{A_i/M_i}{\sum_{i=6}^{8} A_i/M_i} \tag{5-5}$$

式中　A_i——i 组分的峰面积，i 可以是己烷 C_6、庚烷 C，或辛烷及更重组分 C_8；

M_i——i 组分的相对分子质量或平均相对分子质量，辛烷及更重组分（C_8＋）的平均相对分子质量可使用 120。

参 考 文 献

［1］ GB 17820—2018. 天然气［S].

［2］ GB 18047—2017. 车用压缩天然气［S].

［3］ GB/T 33102—2016. 纯甲烷和高纯甲烷［S].

［4］ Q/QJA 383—2016. 推进剂级液态甲烷规范［S].

［5］ GB/T 11060.1—2023 天然气 含硫化合物的测定 第 1 部分：用碘量法测定硫化氢含量［S].

［6］ GB/T 11060.2—2023 天然气 含硫化合物的测定 第 2 部分：用亚甲蓝法测定硫化氢含量［S].

［7］ GB/T 11060.3—2018 天然气 含硫化合物的测定 第 3 部分：用乙酸铅反应速率双光路检测法测定硫化氢含量［S].

［8］ GB/T 11060.4—2017 天然气 含硫化合物的测定 第 4 部分：用氧化微库仑法测定总硫含量［S].

［9］ GB/T 11060.5—2010 天然气 含硫化合物的测定 第 5 部分：用氢解-速率计比色法测定总硫含量［S].

［10］ GB/T 11060.8—2020 天然气 含硫化合物的测定 第 8 部分：用紫外荧光光度法测定总硫含量［S].

［11］ GB/T 13609—2017 天然气取样导则［S].

［12］ GB/T 13610—2020 天然气的组成分析 气相色谱法［S].

［13］ GB/T 17283—2014 天然气水露点的测定 冷却镜面凝析湿度计法［S].

［14］ GB/T 18619.1—2002 天然气中水含量的测定 卡尔费休-库仑法［S].

［15］ GB/T 21069—2007 天然气 高压下水含量的测定［S].

［16］ GB/T 27894.3—2023 天然气 用气相色谱法测定组成和计算相关不确定度 第 3 部

分：精密度和偏差.

［17］ GB/T 27894.4—2012 天然气 在一定不确定度下用气相色谱法测定组成 第 4 部分：实验室和在线测量系统中用两根色谱柱测定氮、二氧化碳和 C1 至 C5 及 C6＋的烃类［S].

［18］ GB/T 27894.5—2012 天然气 在一定不确定度下用气相色谱法测定组成 第 5 部分：实验室和在线工艺系统中用三根色谱柱测定氮、二氧化碳和 C1 至 C5 及 C6＋的烃类［S].

［19］ GB/T 27894.6 天然气 在一定不确定度下用气相色谱法测定组成 第 6 部分：用三根毛细管色谱柱测定氢、氦、氧、氮、二氧化碳和 C1 至 C8 的烃类［S].

［20］ GB/T 27896—2018 天然气中水含量的测定 电子分析法［S].

第 6 章　液氮的检验分析

6.1　氮气和液氮的物理化学性质

6.1.1　氮气和液氮的物理性质

6.1.1.1　氮气

氮气的物理性质如表 6－1 所示。

表 6－1　氮气的物理性质

性质	特点
外观	无色、无味的气体
溶解性	微溶于酒精和水(在 273 K 和 100 kPa 下 100 mL 水能溶解 2.4 mL 氮气)
体积分数/%	78.1(大气中)
熔点/℃	－209.86
沸点/℃	－196.56
相对密度	0.81(－196 ℃,水＝1);相对蒸气密度 0.97(空气＝1)
饱和蒸气压/kPa	1 026.42(－173 ℃)
临界温度/℃	－147.1
临界压力/MPa	3.39
辛醇/水分配系数	0.67

6.1.1.2　液氮

液氮是惰性，无色，无味，低黏度，无腐蚀性，不可燃，温度极低的透明液体。在常压下，氮的沸点为－196.56 ℃，1 m^3 的液氮可以膨胀至 696 m^3 的纯气态氮（21 ℃）。氮的临界温度：－147.1 ℃，临界压力：3.39 MPa。如果加压，可以在更高的温度下得到液氮。人体若在无保护措施的情况下接触液氮，皮肤可能会被严重冻伤。如在常压下气化产生的氮气过量，可能会使空气中氧分压下降，引起缺氧窒息。

6.1.2　氮气和液氮的化学性质

6.1.2.1　氮气

氮气是一种有惰性的气体，一般不与其他物质发生反应，但在一定条件下，氮可与碱金属或碱土金属反应，相当于在氮分子的反键分子轨道上填充一个电子，金属的给电子能力越强，反应越易进行。例如，在常温下锂可与氮直接反应；钙需要加热到一定条件才能与氮气反应；ⅢA 和ⅣA 族的一些元素在加热条件下能与氮气反应；在高温、高压和催化剂存在的条件下，氮与氢反应生成氨；氮气在放电条件下能与氧气反应生成 NO；氮气在催化下也能被氧化为 NO_2。

6.1.2.2　液氮

液氮不支持燃烧。与氧气的相互作用只能在数千摄氏度的温度下发生，反应的产物是氧化氮。与氢结合不仅需要固体加热，还需要催化剂，反应的结果是氨。它可以与活性金属结合，如镁和锂，在氮气环境里，它们可以反应生成氮化物。

6.2　氮气和液氮质量相关的标准规范

常用的涉及氮气和液氮质量相关的标准规范如表 6－2 所示。航天发射场的氮气和液氮质量要求如表 6－3 和表 6－4 所示。

表 6－2　氮气和液氮质量相关的标准规范

序号	标准代号	标准名称
1	GJB 3403A—2019	氮气和液氮规范
2	GJB 2253A—2008	氮气和液氮安全应用准则
3	JB/T 7530—2007	热处理用氩气、氮气、氢气 一般技术条件
4	GB/T 3864—2008	工业氮
5	GB/T 8979—2008	纯氮、高纯氮和超纯氮
6	ГОСТ 9293—1974	气态和液态氮．规范

表 6－3　发射场用氮气质量要求

项目	技术指标	
	Ⅰ级	Ⅱ级
纯度(V/V)/%	≥98.0	≥99.998
氧(V/V)	$\leqslant 2.0\times10^{-2}$	$\leqslant 10.0\times10^{-6}$
氢(V/V)/10^{-6}	—	≤3.0
水(V/V)/10^{-6} (或露点/℃)	≤25.7 (≤－53.3)	≤5.0 (≤－65.5)
一氧化碳、二氧化碳和碳氢化合物总量(以甲烷计)(V/V)/%	—	≤10.0
碳氢化合物(以甲烷计)(V/V)/10^{-6}	≤58.3	—
颗粒状物/(mg/m^3)	≤1.5	—
最大颗粒状物直径/μm	—	≤20
油/(mg/m^3)	≤10.0	≤10.0

注：Ⅱ级氮气仅适用于载人飞船及其他有特殊要求的场合。

表 6－4　发射场用液氮质量要求

项 目	技术指标
纯度(V/V)/%	≥98.0
氧(V/V)/%	≤2.0
水(V/V)/10^{-6} (或露点/℃)	≤25.7 (≤－53.3)
碳氢化合物(以甲烷计)(V/V)/10^{-6}	≤58.3
颗粒状物/(mg/L)	≤1.0
油/(mg/L)	≤5.0

6.3　液氮成分的检验分析方法

无特殊规定时，检验使用的试剂为分析纯试剂，所有用水为 GB/T 6682—2008《分析实验室用水规格和试验方法》规定的三级水。所用计量仪器定期进行校验并在规定的期限内使用。标准滴定溶液按 GB/T 601—2016《化学试剂标准滴定溶液的制备》规定制备和标定。数值修约按 GB/T 8170—2008《数值修约规则与极限数值的表示和判定》规定进行。

6.3.1　氮含量的测定

氮气或液氮气化后气体中氮含量计算公式为

$$C = 100 - C_1 - (C_2 + C_3) \times 10^{-4} \qquad (6-1)$$

式中　C——氮含量，%（V/V）；

C_1——氧含量，%（V/V）；

C_2——水含量，10^{-6}（V/V）；

C_3——碳氢化合物总量，10^{-6}（V/V）。

计算结果保留两位小数。氮气或液氮中颗粒物及油含量极微，所以在计算氮含量时可忽略不计。

6.3.2　氧含量的测定

6.3.2.1　原理

用焦性没食子酸碱性溶液吸收法进行测定。样品氮气或液氮气化后的氮气中所含氧气被焦性没食子酸碱性溶液吸收，根据样品气体体积的减少测定氧含量。

6.3.2.2　仪器

奥氏气体分析仪，如图 6－1 所示。

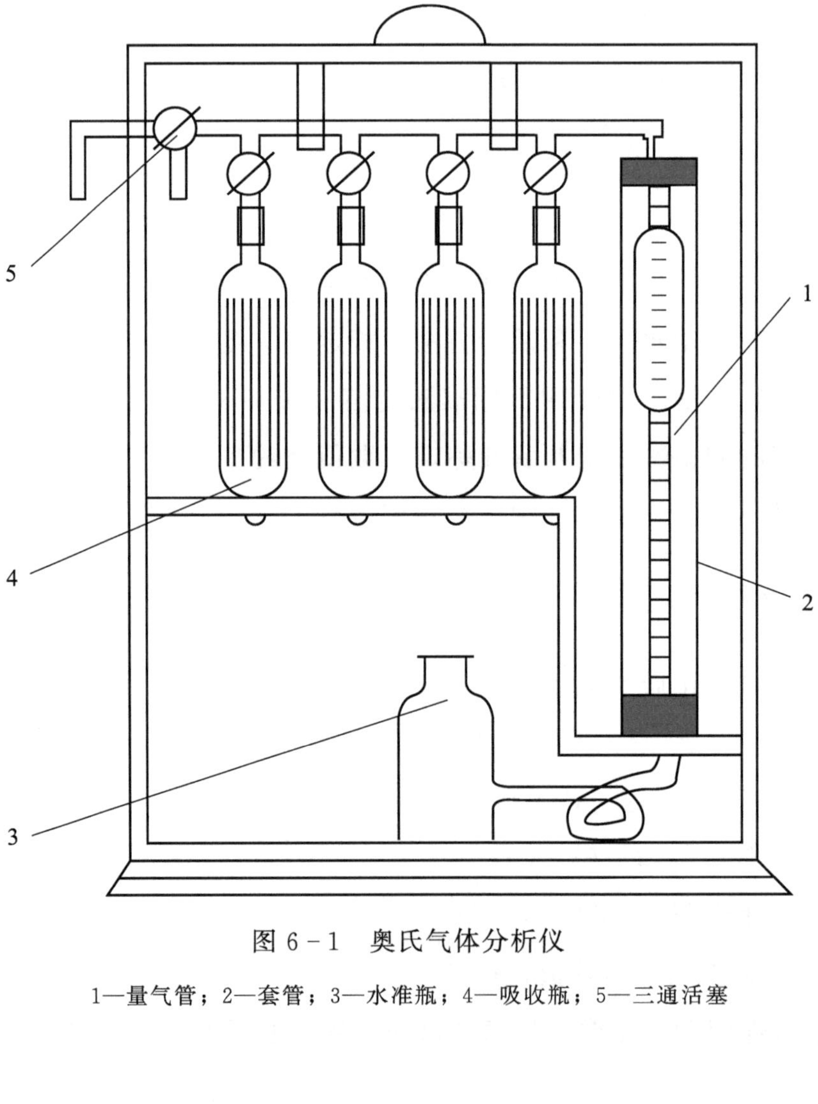

图 6－1　奥氏气体分析仪

1—量气管；2—套管；3—水准瓶；4—吸收瓶；5—三通活塞

6.3.2.3　试剂与材料

试剂与材料如下：

1）焦性没食子酸（LY/T 2862—2017《焦性没食子酸》）；

2）氢氧化钾（GB/T 2306—2008《化学试剂 氢氧化钾》）；

3）硫酸（GB/T 625—2007《化学试剂 硫酸》）：化学纯，5%溶液；

4）甲基橙：0.1%溶液；

5）液体石蜡；

6）氯化钠（GB/T 1266—2006《化学试剂 氯化钠》）：饱和溶液；

7）吸收溶液：称取 60 g 氢氧化钾，溶于 40 mL 水中，冷至室温。称取 20 g 焦性没食子酸，溶于 100 mL 水中。将上述两种溶液混合均匀；

8）封闭溶液：在氯化钠饱和溶液中，分别加入 5%硫酸和 0.1%甲基橙溶液 3～5 滴。

6.3.2.4　测定前的准备

测定前的准备如下：

1）将仪器活塞洗净擦干，涂上少量活塞脂；

2）在吸收瓶内装入焦性没食子酸碱性溶液，并将暴露于空气的液面用适量液体石蜡封闭；

3）在套管中放入量气管，将仪器对接部分用乳胶管连接后，在水准瓶和量气管内装入封闭液；

4）用下述方法检查仪器的气密性：将量气管和吸收瓶充满相应溶液至标记，关闭活塞，放低水准瓶，使仪器内形成负压。如仪器气密性好，则量气管内液面不降低，吸收瓶内液面也不升高。

6.3.2.5　测定步骤

测定步骤如下：

1）操作水准瓶，取经减压至大气压下的被分析气体 30～50 mL 清洗仪器管道 2～3 次后，于量气管内吸入稍多于 100 mL 的分析气样，旋转三通活塞，使量气管和大气相通，排出多余气体，将封闭溶液液面调至零刻度，关闭三通活塞。

2）打开第一个吸收瓶上的两通活塞，缓缓举起水准瓶，将量气管中分析气样压入吸收瓶中，再缓缓下降水准瓶，使分析气样回到量气管中。如此反复操作 3～4 次后，将残余气体返回量气管中，水平读取氧含量。反复上述操作，直至读取数值恒定。

3）为了检查吸收液的失效程度，再将残余气体压入第二个吸收瓶，并重复操作。当发现第一个吸收瓶吸收氧量小于分析气体中氧含量的 50%时，应立即更换吸收液。

6.3.2.6　*测定结果的表述*

所得结果保留两位小数。

两次测定结果之差不应超过 0.2%，以两次平行测定的算术平均值为最后测定结果。

6.3.3　水含量的测定

氮气或液氮气化后的气体中水含量的测定按 GB/T 5832.2—2016《气体分析 微量水分的测定 第 2 部分：露点法》的规定（参见 3.3.3 节）。

6.3.4　碳氢化合物总量的测定

氮气或液氮气化后的气体样品进入色谱柱，使被测定的碳氢化合物各组分进行分离，用氢火焰离子化检测器检测。测定过程涉及的仪器、试剂与材料、色谱柱的制备、测定条件、定量方法等内容与液氧中碳氢化合物总量的测定方法基本一致（参见 3.3.2 节）。

6.3.5　氮气中颗粒物含量的测定

6.3.5.1　*原理*

使一定体积的被测氮气样品通过已恒重的滤纸，根据过滤前后滤纸质量之差及采样体积，计算出氮气中颗粒物含量。

6.3.5.2　仪器与材料

仪器与材料如下：

1）累积式气体流量计：量程 0～5 m^3/h；

2）过滤纸：49 型玻璃纤维过滤纸；

3）气体过滤器：如图 6－2 所示。

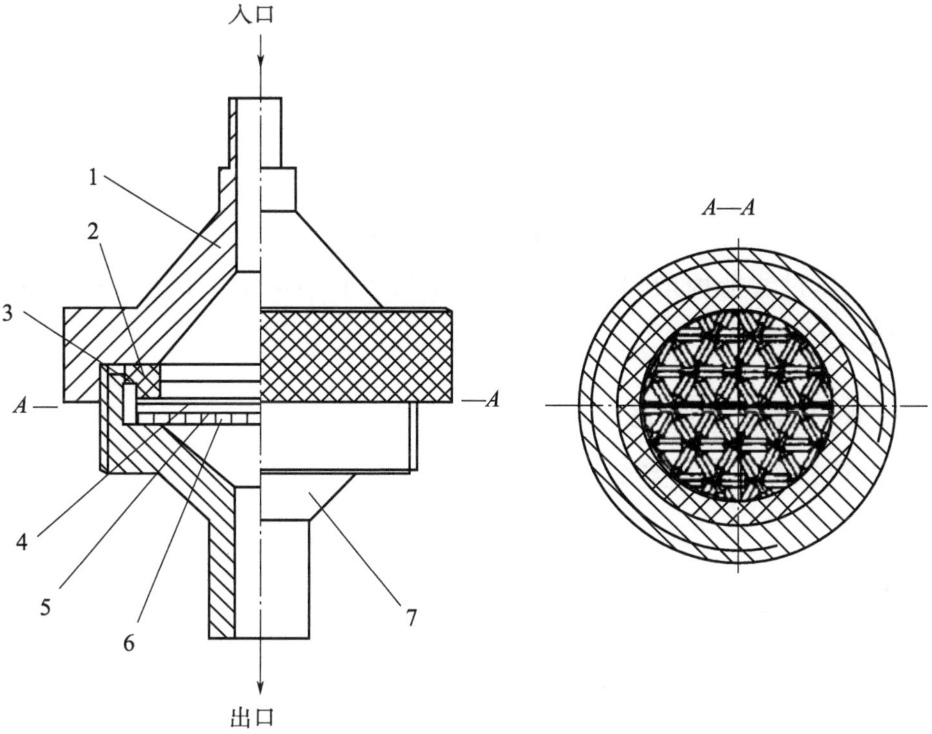

图 6－2　气体过滤器

1—过滤器上盖；2—厚 3 mm 定位压圈；3—厚 3 mm 橡胶垫圈；4—49 型玻璃纤维过滤纸；
5—厚 0.2 mm 聚四氟乙烯垫圈；6—金属支撑网；7—过滤器底座

6.3.5.3　测定前的准备

测定前的准备如下：

1）将气体过滤器洗净烘干。

2）将滤纸剪成直径为 50 mm 的圆片，放在干燥洁净的培养皿中，然后于 70 ℃的烘箱内烘干 30 min，取出放在干燥器内冷却 30 min 后称量（精确至 0.000 1 g），再于 70 ℃的烘箱内烘干 30 min，取出冷却 30 min 后称量为 M_1。

两次称量之差不大于 0.000 2 g，否则继续恒重。

3）将恒重后的滤纸装在气体过滤器内，并使毛面向上，然后将气体过滤器的上盖和底座拧紧。

6.3.5.4　测定步骤

测定步骤如下：

1）测定前将样品管吹除干净；

2）将装有滤纸的气体过滤器入口接在采样口上，将气体流量计接在气体过滤器的出口上；

3）开启采样阀，调整样品气体流量为 50 L/min，同时记录采样时间；

4）采样一小时后停止，并记录采样体积 V；

5）从气体过滤器内取出滤纸，按 6.3.5.3 节中第 2）步进行恒重称量，称得的质量为 M_2。

6.3.5.5　测定结果的表述

氮气中颗粒物含量计算公式为

$$C=\frac{M_2-M_1}{V}\times 1\ 000 \tag{6-2}$$

式中　C ——氮气中颗粒物含量，mg/m^3；

M_1——过滤前滤纸的质量，g；

M_2——过滤后滤纸的质量，g；

V ——采样体积，m^3。

所得结果保留两位小数，取两次测定结果的算术平均值为测定结果。

6.3.6　液氮中颗粒物含量的测定

6.3.6.1　原理

使一定体积的被测液氮样品通过已恒重的滤纸，根据液氮过滤前后滤纸质量之差，计算出液氮中颗粒物含量。

6.3.6.2　仪器与材料

仪器与材料如下：

1）液氮过滤器：如图 6－3 所示；

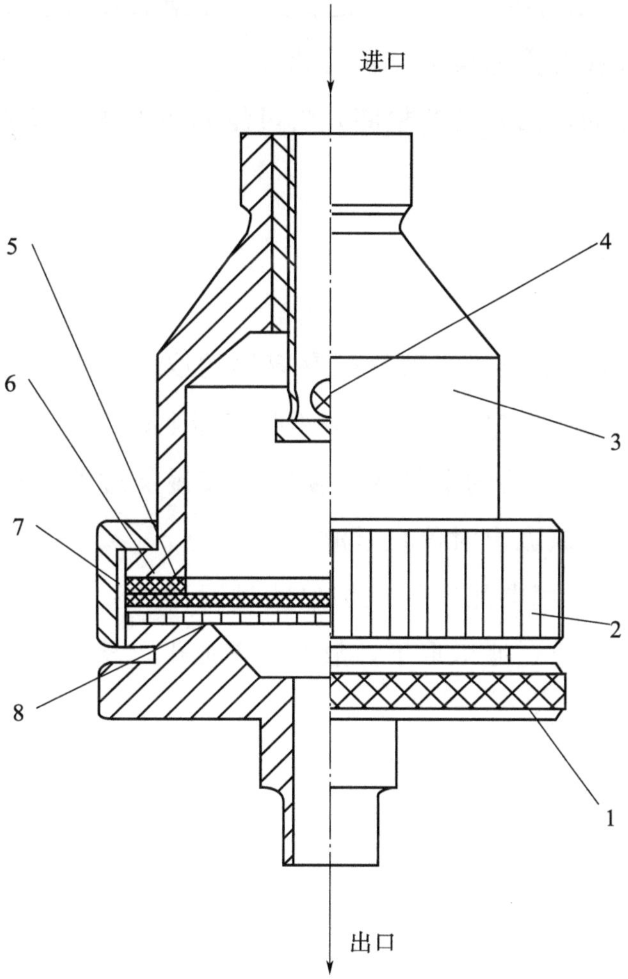

图 6－3　液氮过滤器

1—过滤器底座；2—过滤器压紧螺帽；3—过滤漏斗；4—4 个等间距孔；5—厚 1 mm 聚四氟乙烯垫圈；6—Φ47 mm 49 型玻璃纤维过滤纸；7—厚 0.2 mm 聚四氟乙烯垫圈；8—Φ50 mm 多孔支撑架

2）液氮承收容器：容积 5 L；

3）滤纸：49 型玻璃纤维过滤纸。

6.3.6.3　测定前的准备

测定前的准备如下：

1）将过滤器各部件洗净烘干；

2）将滤纸剪成直径为 47 mm 的圆片，放在洗净烘干的培养皿中，置于

70 ℃ 的烘箱内烘干 30 min，取出放在干燥器内冷却 30 min，称量至恒重；

3）将过滤器的底座垂直放平，把多孔支撑架放在底座上，将 0.2 mm 厚的聚四氟乙烯垫圈放在支撑架上，再将滤纸（毛面向上）放在垫圈上，滤纸上再放一个 1 mm 厚的聚四氟乙烯垫圈，将过滤漏斗平压在过滤器底座上，用压紧螺帽拧紧。

6.3.6.4　测定步骤

测定步骤如下：

1）将金属软管一端连接在液氮贮存容器的取样阀上，另一端与液氮过滤器入口连接，过滤器的出口连接在液氮承收容器上；

2）打开液氮贮存容器的取样阀，使液氮缓慢从过滤器内流入液氮承收容器内，承收容器有液氮流出时停止过滤；

3）拆下过滤器，用电热吹风机加热使过滤器外壁霜化水烘干，拧开过滤器压紧螺帽，用镊子将过滤纸取下，放在培养皿中，检查滤纸如有破裂或其边缘有污物，应重新测定；

4）将滤纸放在 70 ℃ 的烘箱内烘干 30 min，取出放在干燥器内冷却 30 min，称量至恒重。

6.3.6.5　测定结果的表述

液氮中颗粒物含量计算公式为

$$C=\frac{M_2-M_1}{V}\times 1\,000 \tag{6-3}$$

式中　C——液氮中颗粒物含量，mg/L；

M_1——过滤前滤纸的质量，g；

M_2——过滤后滤纸的质量，g；

V——测定样品时所取液氮的体积，L。

所得结果保留两位小数，取两次测定结果的算术平均值为测定结果。

6.3.7　氮气中油含量的测定

6.3.7.1　原理

氮气中的油主要来自压缩机润滑油，润滑油中含有在紫外光区有特征吸收峰的芳烃类物质，采用紫外分光光度法测定氮气中的油含量。油含量是指氮气样品中油的液体体积与氮气样品的气体体积之比。

6.3.7.2　仪器与设备

主要仪器与设备如下：

1）紫外分光光度计；

2）累积式气体流量计：量程 0～2 L/min；

3）蛇形冷凝管；

4）冰瓶。

6.3.7.3　试剂与材料

试剂与材料如下：

1）压缩机油（GB/T 12691—2021《空气压缩机油》）：LDAB－150；

2）石油醚（GB/T 15894—2008《化学试剂 石油醚》）：沸点 60～90 ℃；

3）粗孔微球硅胶：GF3W0.300/0.125 ～ GF3W0.180/0.071（60 ～ 100 目）；

4）中性层析氧化铝：GF3W0.250/0.112 ～ GF3W0.140/0.071（70 ～ 120 目）；

5）液氮。

6.3.7.4　测定前的准备

（1）石油醚透光率的测定

将石油醚放在 10 mm 的石英吸收池中，用二次蒸馏水作空白，在波长为 226.2 nm 处测其透光率应不小于 70%，否则按下述方法进行脱芳烃处理。

（2）石油醚的脱芳烃处理

将粗孔微球硅胶和中性层析氧化铝（两者均在 150～160 ℃活化 4 h）在未

完全冷却前装入内径 25 mm、高 750 mm 的玻璃管中，下层为硅胶高600 mm，上层覆盖 50 mm 厚的氧化铝，将石油醚从上而下通过此柱进行脱芳烃处理。处理后的石油醚透光率应不小于 70%。

（3）标准曲线的绘制

标准曲线的绘制步骤如下：

1）准确称取 0.1 g 的压缩机油，用石油醚溶解在 50 mL 容量瓶中，稀释至指定刻度，摇匀。此溶液浓度为 2 mg/mL。

2）吸取上述溶液 2.5 mL 于 50 mL 容量瓶内，以石油醚稀释至指定刻度，摇匀。此溶液浓度为 0.1 mg/mL。此溶液称为标准使用液。

3）分别吸取上述标准使用液 0.50 mL、1.00 mL、2.00 mL、3.00 mL、4.00 mL、5.00 mL 于 25 mL 容量瓶中，以石油醚稀释至指定刻度，摇匀。其浓度分别为 0.002 mg/mL、0.004 mg/mL、0.008 mg/mL、0.012 mg/mL、0.016 mg/mL、0.020 mg/mL，在波长为 226.2 nm 处，用 10 mm 石英吸收池，以石油醚为空白，分别测其吸光度，绘制标准曲线。

6.3.7.5 测定步骤

将两个洗净脱脂干燥的蛇形冷凝管用乳胶管连接，浸在装有液氮的冰瓶中，如图 6-4 所示，一端接在采样口上，另一端与累积式气体流量计连接，以 0.25～2 L/min 的流速采取氮气样品 50 L。然后将蛇形冷凝管从冰瓶中取出

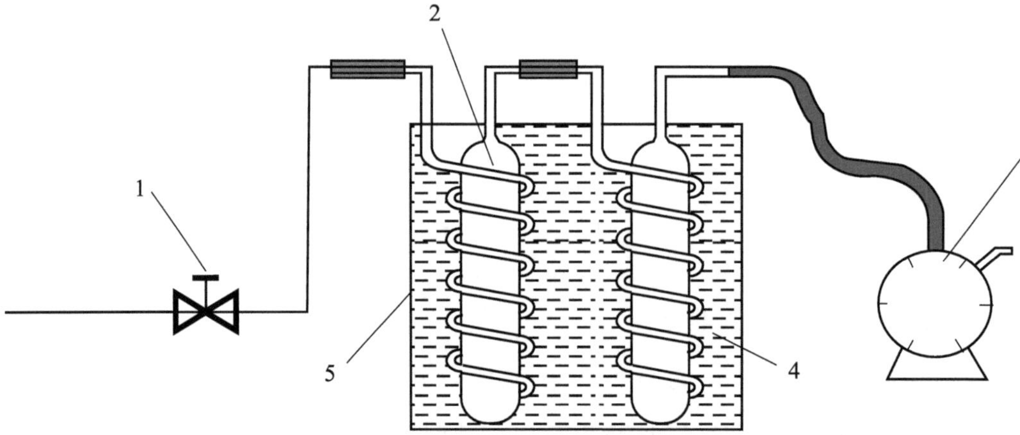

图 6-4　油采样装置

1—氮气采样阀；2—蛇形冷凝管；3—累积式气体流量计；4—液氮；5—冰瓶

拆下，待外壁化霜后，用移液管每次取石油醚 4 mL，冲洗蛇形冷凝管内部各三次，将洗后的溶液注入同一 25 mL 容量瓶内，用石油醚稀释至指定刻度，摇匀。在与作标准曲线相同的条件下测其吸光度。根据吸光度在标准曲线上查出油浓度 C。

6.3.7.6　测定结果的表述

氮气中油含量计算公式为

$$C = \frac{C_1 \times V_1}{V_2 \times d} \times 10^{-6} \tag{6-4}$$

式中　C ——氮气中油含量，10^{-6}（V/V）；

C_1——从标准曲线上查得油浓度，mg/mL；

V_1——容量瓶容积，mL；

V_2——气体采样体积，L；

d ——Hs－19 号油的密度（0.90 g/mL）。

所得结果保留两位小数。两次测定结果相对偏差不应大于 10%，取两次测定结果的算术平均值为测定结果。

6.3.8　液氮中油含量的测定

6.3.8.1　原理

液氮中的油主要来自压缩机润滑油，润滑油中含有在紫外光区有特征吸收峰的芳烃类物质，采用紫外分光光度法测定液氮中的油含量。

本方法的油含量，是指液氮样品中油的质量与液氮样品的液体体积之比。

6.3.8.2　仪器与设备

主要仪器与设备如下：

1）紫外分光光度计；

2）圆底烧瓶：1 L；

3）移液管：10 mL。

6.3.8.3　试剂与材料

试剂与材料如下：

1）石油醚（GB/T 15894—2008《化学试剂 石油醚》）：沸点 60～90℃；

2）压缩机油（GB/T 12691—2021《空气压缩机油》）：LDAB－150；

3）粗孔微球硅胶：GF3W0.300/0.125 ～ GF3W0.180/0.071（60 ～ 100 目）；

4）中性层析氧化铝：GF3W0.250/0.112～GF3W0.140/0.071（70～120 目）。

6.3.8.4　测定前的准备

（1）石油醚透光率的测定

将石油醚放在 10 mm 的石英吸收池中，用二次蒸馏水作空白，在波长为 226.2 nm 处测其透光率应不小于 70％，否则按下述方法进行脱芳烃处理。

（2）石油醚的脱芳烃处理

将粗孔微球硅胶和中性层析氧化铝（两者均在 150～160 ℃活化 4 h），在未完全冷却前装入内径 25 mm、高 750 mm 的玻璃管中，下层为硅胶高 600 mm，上层覆盖 50 mm 厚的氧化铝，将石油醚从上而下通过此柱进行脱芳烃处理。处理后的石油醚透光率应不小于 70％。

（3）标准曲线的绘制

标准曲线的绘制步骤如下：

1）准确称取 0.1 g 的压缩机油，用石油醚溶解在 50 mL 容量瓶中，稀释至指定刻度，摇匀。此溶液浓度为 2 mg/mL。

2）吸取上述溶液 2.5 mL 于 50 mL 容量瓶内，以石油醚稀释至指定刻度，摇匀。此溶液浓度为 0.1 mg/mL。此溶液称为标准使用液。

3）分别吸取上述标准使用液 0.50 mL、1.00 mL、2.00 mL、3.00 mL、4.00 mL、5.00 mL 于 25 mL 容量瓶中，以石油醚稀释至指定刻度，摇匀。其浓度分别为 0.002 mg/mL、0.004 mg/mL、0.008 mg/mL、0.012 mg/mL、0.016 mg/mL、0.020 mg/mL，在波长为 226.2 nm 处，用10 mm 石英吸收池，以石油醚为空白，分别测其吸光度，绘制标准曲线。

6.3.8.5　测定步骤

用洗净脱脂的圆底烧瓶取液氮试样 1 L，在室温下自然蒸发，待蒸发完毕，外壁霜解冻后，用移液管加入 10 mL 石油醚，充分冲洗烧瓶内壁，使油全部溶解，补充石油醚至 10 mL 体积，摇匀。用移液管取上述溶液于 10 mm 石英吸收池中，在波长 226.2 nm 处，以石油醚为空白，测其吸光度。根据吸光度在标准曲线上查出油浓度 C。

6.3.8.6　测定结果的表述

液氮中油含量计算公式为

$$C=\frac{C_1 \times V_1}{V} \tag{6-5}$$

式中 C ——液氮中油含量，mg/L；

C_1——由标准曲线上查得油浓度，mg/mL；

V_1——冲洗圆底烧瓶用石油醚体积，mL；

V ——测定样品时所取液氮的体积，L。

所得结果保留两位小数。两次平行测定值之差不大于 0.05 mg/L，取平行测定值的算术平均值为测定结果。

参 考 文 献

［1］ GJB 3403A—2019. 氮气和液氮规范［S］.

［2］ GJB 2253A—2008. 氮气和液氮安全应用准则［S］.

［3］ JB/T 7530—2007. 热处理用氩气、氮气、氢气 一般技术条件［S］.

［4］ GB/T 3864—2008. 工业氮［S］.

［5］ GB/T 8979—2008. 纯氮、高纯氮和超纯氮［S］.

［6］ ГОСТ 9293－1974. 气态和液态氮．规范［S］.

第 7 章　液氦的检验分析

7.1　氦气和液氦的物理化学性质

7.1.1　氦气和液氦的物理性质

氦是惰性元素之一，分子式为 He。氦气是一种稀有气体，无色、无臭、无味。氦气在水中的溶解度是已知气体中最小的，水中溶解度 8.61 cm^3/kg，也是除氢气以外密度最小的气体。氦气密度 0.178 5 g/L，熔点－272.2 ℃（25 atm），沸点－268.9 ℃。它是最难液化的一种气体，是唯一不能在标准大气压下固化的物质，临界温度为－267.8 ℃，临界压力为 2.26 atm。

液体氦可以用来得到接近绝对零度（－273.15 ℃）的低温。当液化后温度降到－270.98 ℃以下时，液体氦具有表面张力很小，导热性很强，几乎不呈现任何黏滞性的特性。液态氦在温度下降至 2.18 K 时，性质发生突变，成为一种超流体，能沿容器壁向上流动，热传导性为铜的 800 倍，并变成超导体；其比热容、表面张力、压缩性均反常。

表 7－1　氦（氦－4）的物理性质

性质	特点
熔点/℃(25 atm)	－272.2
沸点/℃	－268.9
密度/(g/L)	0.178 5

续表

性质	特点
临界温度/℃	−267.8
临界压力/atm	2.26
热导率/[W/(m · K)]	151.3
晶体结构	晶胞为六方晶胞
蒸发热/(kJ/kg)	20.73
比热/[kJ/(kg · K)]	4.56
黏度/(mPa · s)	3.57
介电常数	1.049 2

氦-3 是自然界中氦的稳定同位素，原子量为 3.016，原子核由 2 个质子和 1 个中子组成。通常情况下，氦-3 为无色、无味、无毒、不燃烧的惰性气体。

表 7-2　液氦（氦-3）的基本物理性质

性质	特点
正常沸点/K	3.191
密度/(kg/m^3)	82.3
蒸发热/(J/mol)	20.56
1.0 K 时的比热/[J/(mol · K)]	4.222
3.2 K 时的黏度/(mPa · s)	3.57
3.2 K 时的热导率/[mW/(m · K)]	20
临界温度/K	3.324
临界压力/MPa	0.115

7.1.2　氦气和液氦的化学性质

氦是单原子气体，化学性质不活泼。氦气一般不生成化合物，在低压放电管中受激发可形成 He^{2+}、HeH 等离子及分子。

7.2　氦气和液氦质量相关的标准规范

常用的涉及氦气和液氦技术指标的标准规范如表 7－3 所示。典型用途的氦气质量要求如表 7－4～表 7－6 所示。

表 7－3　氦气和液氦质量相关标准

序号	标准代号	标准名称	备注
1	GJB 4014—2000	氦气安全应用准则	—
2	GJB 1474.4 — 92	航天发射场推进剂使用规则 氦气	—
3	GB/T 4844—2011	纯氦、高纯氦和超纯氦	—
4	GB/T 28123—2011	工业氦	—

表 7－4　航天发射场用氦气质量要求

项目名称	使用指标
氦气纯度/10^{-2}	≥99.99
氖含量/10^{-6}	≤30
氢含量/10^{-6}	≤10
氧(氩)含量/10^{-6}	≤10
氮含量/10^{-6}	≤30
甲烷含量/10^{-6}	≤2.0
水分含量/10^{-6} (或露点/℃)	15 (或－57.5)

表 7-5　工业氦气质量要求

项目	指标	
氦气纯度(体积分数)/10^{-2}	≥97.5	≥99
总杂质(氖+氢、氧+氩、氮、甲烷)含量(体积分数)/10^{-2}	≤2.5	≤1
水分露点/℃	≤−50	≤−50

表 7-6　纯氦、高纯氦和超纯氦质量要求

项目	指标			
	纯氦		高纯氦	超纯氦
氦气(He)纯度(体积分数)/10^{-2}	≥99.99	≥99.995	≥99.999	≥99.999 9
氖气(Ne)含量(体积分数)/10^{-6}	<40	<15	<4	<1
氢气(H_2)含量(体积分数)/10^{-6}	<7	<3	<1	<0.1
[氧气(O_2)+氩(Ar)]含量(体积分数)/10^{-6}	<5	<3	<1	<0.1
氮气(N_2)含量(体积分数)/10^{-6}	<25	<10	<2	<0.1
一氧化碳(CO)含量(体积分数)/10^{-6}	<1	<1	<0.5	<0.1
二氧化碳(CO_2)含量(体积分数)/10^{-6}	<1	<1	<0.5	<0.1
甲烷(CH_4)含量(体积分数)/10^{-6}	<1	<1	<0.5	<0.1
水分(H_2O)含量(体积分数)/10^{-6}	<20	<10	<3	<0.2
总杂质含量(体积分数)/10^{-6}	≤100	≤50	≤10	≤1

7.3　氦气和液氦成分的检验分析方法

7.3.1　工业氦的成分检验分析方法

7.3.1.1　氦气纯度

氦气纯度计算公式为

$$\varphi = 100 - \sum \varphi_i \tag{7-1}$$

式中　φ ——氦气纯度（体积分数），10^{-2}；

φ_i ——氖+氢、氧+氩、氮、甲烷等杂质的含量（体积分数），10^{-2}。

7.3.1.2　水分露点的测定

按照 GB/T 5832.2—2016《气体分析 微量水分的测定 第 2 部分：露点法》规定的方法法进行测定，参见 3.3.3 节。

7.3.1.3　氖+氢、氧+氩、氮、甲烷的测定

（1）方法提要

采用气相色谱法测定。被测样品经色谱柱分离后用热导检测器进行检测。采用外标法定量。

（2）仪器、材料

①仪器

带有热导检测器的气相色谱仪。检测限：0.05×10^{-2}（体积分数）。

②标准样品

标准样品以氦为底气配制，其中氢、氧、氮、甲烷的含量与待测样品中相应组分的含量相近。

③测定条件

载气：纯氦（纯度≥99.99×10^{-2}），流量约 10 mL/min。

色谱柱：不锈钢柱，长约 2 m，内径 2 mm，内装 0.25～0.40 mm 的 13X 或 5A 分子筛；柱温：约 50 ℃。允许采样其他等效色谱柱。

④操作步骤

启动：开启载气，调节流量至约 10 mL/min，接通仪器电源，设定仪器操作参数，待仪器工作稳定。

标定：将瓶装标准样品经减压阀和金属取样管与仪器连接。开启瓶阀及减压阀，在经充分置换取样系统取得代表样后，切换六通阀进样。测量并记录各组分的保留时间及色谱峰响应值（峰高或峰面积）。至少重复进样 2 次，其相对偏差不大于 5%时，取其平均值 A_s。

测定：在与标定完全相同的条件下进行。将试样气瓶经减压阀及金属取样管与仪器连接。开启瓶阀及减压阀，在经充分置换取样系统取得代表样后，切换六通阀进样。测量并记录各组分的保留时间及色谱峰响应值（峰高或峰面积）。至少重复进样 2 次，其相对偏差不大于 5%时，取其平均值 A_i。

⑤结果处理

各待测组分含量按式（7－2）计算：

$$\varphi_i = \frac{\varphi_s}{A_s} A_i \tag{7-2}$$

式中　φ_i ——样品气中组分 i 的含量（体积分数），10^{-2}；

φ_s ——标准样品中组分 i 的含量（体积分数），10^{-2}；

A_s ——标准样品中组分 i 的响应平均值（峰高或峰面积）；

A_i ——样品气中组分 i 的响应平均值（峰高或峰面积）；

i ——组分氖＋氢、氧＋氩、氮、甲烷的含量。

7.3.2　纯氦、高纯氦和超纯氦的检验分析方法

7.3.2.1　氦气纯度

氦气纯度计算公式为

$$\varphi = 100 - (\varphi_1 + \varphi_2 + \varphi_3 + \varphi_4 + \varphi_5 + \varphi_6 + \varphi_7 + \varphi_8) \times 10^{-4} \tag{7-3}$$

式中　φ ——氦气纯度（体积分数），10^{-2}；

φ_1——氖含量（体积分数），10^{-6}；

φ_2——氢含量（体积分数），10^{-6}；

φ_3——氧+氩含量（体积分数），10^{-6}；

φ_4——氮含量（体积分数），10^{-6}；

φ_5——一氧化碳含量（体积分数），10^{-6}；

φ_6——二氧化碳含量（体积分数），10^{-6}；

φ_7——甲烷含量（体积分数），10^{-6}；

φ_8——水分含量（体积分数），10^{-6}。

7.3.2.2　氖、氢、氧+氩、氮、一氧化碳、二氧化碳、甲烷含量的测定

（1）方法提要

采用氦离子化气相色谱法测定氦气中氖、氢、氧+氩、氮、一氧化碳、二氧化碳、甲烷。

（2）仪器、设备、材料

1）仪器：带有氦离子化检测器的气相色谱仪。各待测组分的检测限应比表 7-5 规定值低约一个数量级。色谱流程如图 7-1 所示。

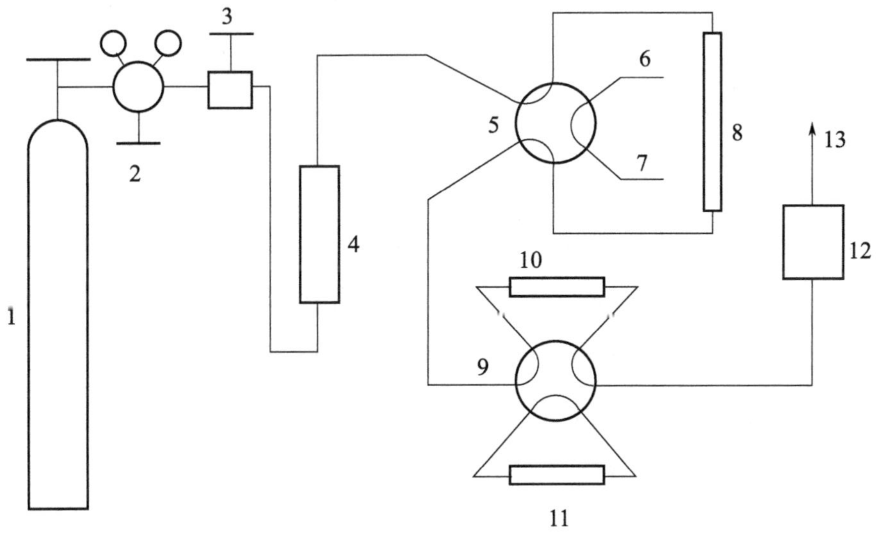

图 7-1　色谱流程图

1—氦载气钢瓶；2—减压器；3—稳压阀；4—纯化器；5—六通阀；6、7—样品进出口；8—量管；9—柱切换阀；10—色谱柱Ⅰ；11—色谱柱Ⅱ；12—检测器；13—载气出口

2）载气：高纯氦或超纯氦，其中氖含量应比表 7－5 的规定低约一个数量级。

3）纯化器：应能将氦载气中各组分含量纯化至比表 7－6 中超纯氦的规定值低约一个数量级。

4）标准样品：以氦气为底气制备。纯氦分析用标准样品中各待测组分含量与表 7－6 的规定值相近。高纯氦、超纯氦分析用标准样品中各组分含量（体积分数）为 $1\times10^{-6}\sim5\times10^{-6}$。

（3）测定条件

1）色谱柱：

柱 1：用于氖、氢、氧＋氩、氮的分离。长约 3 m、内径约 3 mm 的不锈钢管，内装约 1 m 长、粒度为 0.25～0.40 mm 的 5A 分子筛和约 2 m 长、粒度为 0.25～0.40 mm 的椰壳活性炭。色谱柱对各组分的分离度应大于 1。允许采用其他等效色谱柱。

柱 2：用于一氧化碳、二氧化碳、甲烷的分离。长约 0.5 m、内径约 2 mm 的不锈钢管，内装粒度为 0.25～0.40 mm 的 TDX－01。允许采用其他等效色谱柱。

2）操作参数：仪器各操作参数按仪器说明书和检测限要求选定。

（4）测定步骤

1）按仪器说明书开启仪器，调节各操作参数，至仪器工作正常。

2）将标准样品接入仪器，在充分置换取得代表样后进样。重复进样 3 次。测量各组分色谱响应值，其相邻两次相对偏差小于 5％时取其平均值。

3）在与标准样品完全相同的操作条件下，将待测样品接入仪器，在充分置换取得代表样后进样。重复进样 3 次。测量各组分色谱响应值，其相邻两次相对偏差小于 5％时取其平均值。

（5）结果计算

各待测组分含量计算公式为

$$\varphi_i=\frac{\varphi_s}{A_s}A_i \tag{7-4}$$

式中　φ_i ——样品气中组分 i 的含量（体积分数），10^{-2}；

φ_s ——标准样品中组分 i 的含量（体积分数），10^{-2}；

A_s ——标准样品中组分 i 的响应平均值（峰高或峰面积）；

A_i ——样品气中组分 i 的响应平均值（峰高或峰面积）；

i ——代表组分氖＋氢、氧＋氩、氮、甲烷。

7.3.2.3　水分含量的测定

1）纯氦、高纯氦中水分含量的测定按 GB/T 5832.1—2016《气体分析 微量水分的测定 第 1 部分：电解法》或 GB/T 5832.2—2016《气体分析 微量水分的测定 第 2 部分：露点法》的规定执行。当测定结果有异议时，以 GB/T 5832.2—2016《气体分析 微量水分的测定 第 2 部分：露点法》规定的方法为仲裁方法。

2）超纯氦中水分含量的测定按 GB/T 5832.3—2011《气体中微量水分的测定 第 3 部分：光腔衰荡光谱法》的规定执行。

参 考 文 献

[1] GJB 4014—2000. 氦气安全应用准则 [S].

[2] QJ 3720—2006. 液体火箭发动机地面试验用气规定 [S].

[3] GB/T 4844—2011. 纯氦、高纯氦和超纯氦 [S].

[4] GB/T 28123—2011. 工业氦 [S].